室内设计实战手册

材料选用

Practical Manual for Interior Design

Material Selection

理想·宅　编

化学工业出版社

·北京·

编写人员名单：（排名不分先后）

叶　萍　黄　肖　邓毅丰　郭芳艳　杨　柳　李　玲　董　菲　赵利平
武宏达　王广洋　王力宇　梁　越　刘向宇　肖韶兰　李　幽　王　勇
李小丽　王　军　李子奇　于兆山　蔡志宏　刘彦萍　张志贵　刘　杰
李四磊　孙银青　肖冠军　安　平　马禾午　谢永亮　李　广　李　峰
周　彦　赵莉娟　潘振伟　王效孟　赵芳节　王　庶　孙　淼　祝新云
王佳平　冯钒津　刘　娟　赵迎春　吴　明　徐　慧　王　兵　赵　强
徐　娇　王　伟

图书在版编目（CIP）数据

室内设计实战手册．材料选用 / 理想·宅编．—北京：化学工业出版社，2018.1（2019.8重印）
ISBN 978-7-122-31188-7

Ⅰ．①室…　Ⅱ．①理…　Ⅲ．①室内装饰设计-建筑材料-手册　Ⅳ．①TU238.2-62

中国版本图书馆CIP数据核字（2017）第307815号

责任编辑：王　斌　邹　宁　　　　装帧设计：王晓宇

出版发行：化学工业出版社（北京市东城区青年湖南街13号　邮政编码100011）
印　　装：中煤（北京）印务有限公司
710mm×1000mm　1/16　印张13　字数280千字　2019年8月北京第1版第2次印刷

购书咨询：010-64518888　　　　售后服务：010-64518899
网　　址：http://www.cip.com.cn
凡购买本书，如有缺损质量问题，本社销售中心负责调换。

定　　价：68.00元

前言

PREFACE

装饰材料是室内硬装设计不可缺少的一部分，无论是简单的基础性的装饰，还是复杂的华丽型装饰，都需要不同品种的材料来构建。而不同的材料有着不同的特点，即使是同一种材料，也会因为花纹、色彩的不同而适合不同风格的家居。

室内较为常用的装饰材料有数十种之多，在选择材料时，不仅要针对一种材料进行仔细的挑选，还要兼顾到一个空间内材料和材料之间的搭配，包括纹理、色彩、质感等组合起来是否协调、舒适等。一种材质单独使用非常美观，并不意味着组合起来也成功。

所以，室内材料的选用也是一门学问。想要盖建高楼，就需要打好地基，基础知识才是一切的基石。了解常用材料包含的种类及其特点、适用部位等，才有利于更好地利用它们美化室内环境。

本书由“理想・宅 Ideal Home”倾力打造，以室内装饰材料选用为编写内容，主体部分以表格形式构成了“速查式”的版面，不使用无用的修饰词语，而以点的形式阐述各种知识，让每种材料的分类、特点、适用部位等一目了然。章节分类上以室内常用的十大类材料为依据，包含了板材、石材、瓷砖、漆、裱糊壁纸、玻璃材料、地板、顶面材料、五金及洁具以及橱柜材料等内容。同时，每一个小节中还搭配了材料在室内的应用技巧以及优秀设计师设计的材料选用实景案例。最后，以综合性的整体案例讲解各种材料在家居中的结合性运用。需要特别说明的是，书中给出的材料价格仅供参考，市场价格波动较大，请以当地市场价格为准。希望本书可以帮助专业和非专业的读者，更好地理解和掌握室内装饰材料的使用技巧。

目录
CONTENTS

01

第一章

装饰板材

板材是在家装工程中十分常用的一种建材，品种多样，易加工。无论是墙面装饰还是家具饰面，都离不开各种板材。除了传统的木纹饰面板、大芯板等板材外，近几年还不断出现了一些新型的板材。因此，详细地了解板材的种类以及不同板材的特点，有利于更好地进行家居设计。

木纹饰面板

装饰效果佳，易加工

木纹饰面板，全称装饰单板贴面胶合板，它是将天然木材或科技木刨切成一定厚度的薄片，黏附于胶合板表面，然后热压而成的一种用于室内装修或家具制造的面层材料。在室内不仅可用于墙面装饰，还能装饰柱面、门、门窗套等部位，种类繁多，适合各种家居风格，施工简单，是应用比较广泛的一种板材。了解每种板材的特点、价格及使用部位，才能更好地利用它来美化室内环境。

木纹饰面板种类速查表

名称	分类	特点	参考价格（平方米）	适用部位	图片
榉木	▲ 红榉 ▲ 白榉	◎ 红榉稍偏红色，白榉呈浅淡黄色 ◎ 纹理细而直，或均匀点状 ◎ 耐磨、耐腐、耐冲击 ◎ 干燥后不易翘裂 ◎ 非常适合做透明漆涂装	85~290 元	√ 整体墙面 √ 柱面 √ 门、窗套 √ 家具框架 √ 家具门	
水曲柳	▲ 山纹 ▲ 直纹	◎ 黄白色或褐色略黄 ◎ 纹理直，花纹美丽，无光泽 ◎ 结构细腻，胀缩率小 ◎ 耐磨抗冲击 ◎ 做成仿古油漆，效果很高档	70~320 元	√ 整体墙面 √ 门 √ 家具框架 √ 家具门	

名称	分类	特点	参考价格（平方米）	适用部位	图片
胡桃木	▲ 红胡桃 ▲ 黑胡桃 ▲ 南美胡桃木	◎ 红色、浅棕或深巧克力色 ◎ 色泽优雅 ◎ 纹理粗而富有变化 ◎ 耐腐蚀、耐潮湿 ◎ 透明漆涂装更加美观 ◎ 涂装次数宜多 1~2 道	105~450 元	√ 整体墙面 √ 门 √ 门、窗套 √ 家具框架 √ 家具门	
樱桃木	▲ 红樱桃 ▲ 美国樱桃	◎ 粉色、艳红色或棕红色 ◎ 纹理细腻、清晰，木纹通直 ◎ 结构甚细且均匀 ◎ 弯曲性能好 ◎ 强度中等 ◎ 效果稳重、典雅	85~320 元	√ 墙面拼花 √ 护墙板 √ 门、门套 √ 家具框架 √ 家具门	
花樟木	▲ 印刷纹 ▲ 旋切纹 ▲ 横切纹	◎ 木纹细腻而有质感 ◎ 纹理呈球状，大气、活泼，立体感强 ◎ 有光泽 ◎ 密度大、耐腐蚀 ◎ 具有较强的实木质感	95~380 元	√ 墙面拼花 √ 家具框架 √ 家具门	
柚木	▲ 泰柚 ▲ 金丝柚木	◎ 色泽金黄 ◎ 木质坚硬适中 ◎ 纹理线条优美 ◎ 装饰效果高贵、典雅 ◎ 含油量高、胀缩率小 ◎ 不易变形、变色	110~280 元	√ 整体墙面 √ 门 √ 门、窗套 √ 家具框架 √ 家具门	
枫木	▲ 直纹 ▲ 山纹 ▲ 球纹 ▲ 树榴	◎ 乳白色带轻微红棕色 ◎ 质感细腻 ◎ 花色均衡，糖线或活结多 ◎ 硬度较高，强度高 ◎ 涨缩率高，耐冲击 ◎ 装饰效果高雅	360 元左右	√ 整体墙面 √ 门 √ 家具框架 √ 家具门	

名称	分类	特点	参考价格（平方米）	适用部位	图片
橡木	▲ 红橡 ▲ 白橡	◎ 白色或淡红色 ◎ 质感良好，质地坚实 ◎ 纹理直或略倾斜 ◎ 山纹纹理最具有特色，具有很强的立体感 ◎ 白橡适合搓色及涂装 ◎ 红橡装饰效果活泼、个性	110~580 元	√ 整体墙面 √ 门 √ 家具框架 √ 家具门	
檀木	▲ 沈檀 ▲ 绿檀 ▲ 紫檀 ▲ 黑檀 ▲ 红檀	◎ 不同品种颜色不同 ◎ 纹理绚丽多变 ◎ 纹理紧密，木质较硬 ◎ 板面庄重而有灵气 ◎ 装饰效果浑厚大方	180~760 元	√ 部分墙面 √ 家具框架 √ 家具门	
沙比利	▲ 直纹 ▲ 花纹 ▲ 球形	◎ 红褐色 ◎ 木质纹理粗犷 ◎ 光泽度高，直纹款式有闪光感和立体感 ◎ 表面处理的性能良好 ◎ 可涂装着色漆，仿古、庄重	70~430 元	√ 墙面整体 √ 部分墙面 √ 门 √ 门、窗套 √ 家具框架 √ 家具门	
黑铁刀	▲ 细纹 ▲ 粗纹	◎ 紫褐色深浅相间成纹 ◎ 肌理致密，纹理优美 ◎ 酷似鸡翅膀，又称鸡翅木 ◎ 装饰效果浑厚大方 ◎ 耐磨，耐划，耐水湿 ◎ 能抗菌类、蛀虫	105~390 元	√ 部分墙面 √ 门、窗套 √ 家具框架 √ 家具门	
影木	▲ 红影 ▲ 白影	◎ 乳白色或浅棕红色 ◎ 纹理为波状，具有极强的立体感 ◎ 不同角度欣赏，有不同的美感 ◎ 结构细且均匀，强度高 ◎ 特别适合 90° 对拼	75~260 元	√ 墙面整体 √ 墙面拼花	

名称	分类	特点	参考价格（平方米）	适用部位	图片
麦哥利	无	◎ 色泽黄中透红 ◎ 纹理柔和细腻 ◎ 硬度适中 ◎ 清漆后，光泽度佳 ◎ 效果温馨而不失高雅	85~300 元	√ 墙面整体 √ 门 √ 门、窗套 √ 家具框架 √ 家具门	
榆木	▲ 黄榆 ▲ 紫榆	◎ 黄榆为淡黄色，紫榆为紫黑色 ◎ 纹理直长且通达清晰 ◎ 弦面花纹非常美丽 ◎ 结构细而均匀，光泽感强 ◎ 适合浮雕工艺 ◎ 效果朴实、自然	100~270 元	√ 浮雕 √ 家具框架 √ 家具门	
乌金刚	无	◎ 呈黑褐色 ◎ 木质紧密 ◎ 纹理清晰且在一定的方向排列 ◎ 给人一种自然的韵味 ◎ 富于节奏感，立体感强 ◎ 装饰效果现代、优雅	145~460 元	√ 部分墙面 √ 家具框架 √ 家具门	
树瘤木	▲ 雀眼树瘤 ▲ 玫瑰树瘤	◎ 雀眼树瘤：看似雀眼，适合与其他饰板搭配，有画龙点睛的效果 ◎ 玫瑰树瘤：质地细腻、色泽鲜丽、图案独特，适用于点缀	65~210 元	√ 墙面拼花 √ 家具拼花	
斑马木	▲ 直纹 ▲ 山纹 ▲ 乱纹	◎ 浅棕色至深棕色与黑色条纹相间 ◎ 色泽深、鲜艳 ◎ 纹理华美 ◎ 线条清楚 ◎ 装饰效果独特	165~450 元	√ 部分墙面 √ 家具框架 √ 家具门	

木纹饰面板的应用技巧

红色系面板特别适合低调华丽的家居

红樱桃、沙比利、红影等红色系的木纹饰面板，大面积的使用具有华丽而厚重的感觉，与具有此特点的家居风格相得益彰，比如新中式风格、新古典风格、北非地中海风格、美式乡村风格等。需要注意的是，此类面板很容易让人感觉太过鲜艳，而造成色彩污染，建议搭配一些对比鲜明的家具。

< 墙面采用了红色系饰面板搭配淡灰色壁纸，表现出东南亚风格的低调华丽感。

饰面板的种类选择可结合面积和采光

在面积、小采光不佳的房间内，建议选择颜色较浅、花纹不明显的类型，例如榉木、枫木等；若喜欢深色板材，建议在背景墙等重点位置上部分使用；采光佳且面积宽敞的居室内，饰面板的可选择性则更多一些。需要注意的是，颜色特别深的面板最好用在光线充足的一面。

∧ 卧室面积不大，但采光佳，背景墙全部使用浅一些的饰面板装饰，简洁、大气，而不沉闷。

木纹饰面板应用案例解析

胡桃木饰面板

设计说明 设计师将传统的地域文化与东方美学结合，使东南亚家居中融入了中式风格的古雅韵味。沙发墙两侧使用深色胡桃木饰面板，中间搭配浅色瓷砖，并搭配了凹凸造型，与白色和木色结合的家具组合，为朴素的客厅增添了一些节奏感。

白橡木饰面板

设计说明 白橡木饰面板素雅而温润，搭配白色树纹的壁纸和暗藏灯带，让人犹如来到了秋季的丛林中。虽然床头墙整体的造型非常简单，却并不让人感觉冷清。

特殊工艺装饰板

脱离传统木纹，效果个性

除了最常用的木纹饰面板外，还有一些特殊工艺制作的装饰板。它们有的可以直接制作家具，有的除了作家具饰面还可装饰墙面；一些带有实木的纹理效果，一些则脱离了木纹，例如椰壳板、立体波浪板等。用它们来装饰空间，往往能够获得个性的效果。这类饰面板具有多种多样的外观造型，能适应多种不同空间、不同位置的设计需要，脱离于传统木纹的丰富纹理变化，为空间提供更个性的装饰效果。

特殊工艺装饰板种类速查表

名称	分类	特点	参考价格（平方米）	适用部位	图片
护墙板	▲整墙板 ▲墙裙 ▲中空墙板	◎原料为实木或木纹夹板 ◎健康环保，降噪声 ◎拼接组装，可拆卸重复利用 ◎立体板华丽、复古 ◎平面板具有简洁的装饰效果	310~850元	√整体墙面	
风化板	▲直纹 ▲山纹	◎原料为木皮加底板或实木 ◎具有凹凸的纹理感 ◎装饰效果天然、粗犷 ◎梧桐木最常见，价格也最低 ◎怕潮湿，不适合厨房、浴室	400~960元	√部分墙面 √门 √家具框架 √家具门	

名称	分类	特点	参考价格（平方米）	适用部位	图片
椰壳板	▲ 乱纹 ▲ 人字纹 ▲ 回字纹 ▲ 直纹 ▲ 不规则纹	◎ 材料为椰壳，纯手工制成 ◎ 具有超强的立体感和艺术感 ◎ 吸音效果优于白墙 ◎ 硬度高、耐磨 ◎ 防潮、防蛀	300~450 元	√ 背景墙 √ 家具门	
3D 立体波浪板	▲ 直波纹 ▲ 水波纹 ▲ 蝌蚪纹 ▲ 雪花纹 ▲ 冲浪纹 ▲ 金甲纹 ▲ 纺织纹	◎ 复合材料制造 ◎ 立体感强，色彩丰富 ◎ 天然环保，无甲醛 ◎ 吸音、隔热、阻燃 ◎ 材质轻盈，防冲撞 ◎ 易施工	80~150 元	√ 背景墙	
免漆板	▲ 木纹 ▲ 布纹	◎ 原料为纹理纸和三聚氰胺树脂胶黏剂 ◎ 也称作三聚氰胺板 ◎ 绿色、环保 ◎ 表面光滑，色彩丰富 ◎ 防火、离火自熄 ◎ 耐磨、抗酸碱	90~150 元	√ 部分墙面 √ 家具框架 √ 家具门	
科定板	▲ 木纹	◎ 底层为板材，表层为木皮 ◎ 面层自带漆膜，无需涂装 ◎ 绿色环保建材 ◎ 表面光滑，色彩丰富 ◎ 可以重新还原各种稀有珍贵木材 ◎ 施工低粉尘	80~140 元	√ 家具框架 √ 家具门	
美耐板	▲ 纯色 ▲ 仿木纹 ▲ 仿石材	◎ 原料为毛刷色纸和牛皮纸 ◎ 款式及花样多 ◎ 耐高温、高压 ◎ 耐刮，防焰 ◎ 耐脏，易清理 ◎ 转角接缝明显	50~110 元	√ 部分墙面 √ 家具框架 √ 家具门 √ 台面	

特殊工艺装饰板的应用技巧

仅护墙板可大面积使用

在所有的特殊工艺装饰板中，护墙板是唯一适合大面积用于墙面的。与其他装饰板不同的是，它不仅仅适用于背景墙部分，而且居室内的所有墙面均可全部使用。需要注意的是，小面积居室适合简约造型的浅色款式，而大户型则更适合复杂造型的深色款式。

> 餐厅的面积不大，选择白色的护墙板，既渲染了法式风格的华丽感，又不会让人感觉沉闷、拥挤。

选择特殊工艺装饰板可结合家居风格

在选择特殊工艺类型的装饰板时，可以结合家居风格来决定具体的款式，比较容易获得协调的装饰效果。其中，护墙板适用于欧美系风格居室；椰壳板适用于自然风格居室；立体波浪板适用于简约风格或现代风格居室；其他木纹纹理的饰面板则所有风格均适用，选择对应的色彩即可。

∧ 椰壳板具有浓郁的质朴感，用在东南亚风格的居室内，做背景墙主材，协调且个性。

特殊工艺装饰板应用案例解析

护墙板，整墙板

设计说明 本案设计师将原木纹理的护墙板用在墙面靠近顶面的位置上，下方则使用白色的护墙板，并在重点背景墙部分搭配了壁纸材质，打破了护墙板的变化少导致的呆板感，使居室整体既有护墙板固有的低调华丽感，又不失细节美和层次感。

3D 立体波浪板

设计说明 简约风格的楼梯间中，背景墙部分使用橘黄色的 3D 立体波浪板，搭配大面积的白色，活泼、个性，虽然纹理很丰富，但因其一体成型的设计方式，给人的感觉却非常简洁、大方。与其他平面式的材质通过造型塑造的立体感比较，波浪板更独特、更环保。

构造板材

木作施工不可缺少的材料

构造板材就是指能够制作家具、门、墙面装饰以及隔墙的基层板材，最常用的就是大家熟知的细木工板、刨花板等。近年来，又有很多新的种类出现，如欧松板、奥松板等。其种类繁多，虽然都用于构造，但不同的种类作用和特点不同。了解每种板材的适用部位，才能够更好地制作木作的结构。

构造板材种类速查表

名称	特点	参考价格	适用部位	图片
细木工板	◎ 由两片单板中间胶压拼接木板而成 ◎ 质轻，易加工，握钉力好 ◎ 芯材种类繁多 ◎ 承重能力强 ◎ 竖向的抗弯压强度差 ◎ 怕潮湿，怕日晒 ◎ 结构易发生扭曲，易起翘变形	120~310 元	√ 墙面造型基材 √ 家具基材 √ 门、窗套基材 √ 门基材 √ 暖气罩基材 √ 隔断基材 √ 隔墙基材 √ 窗帘盒基材	
欧松板	◎ 适合追求个性化的人群，可省去面层装饰 ◎ 甲醛释放量极低，可与天然木材相媲美 ◎ 质轻，易加工，握钉力好 ◎ 无接头、缝隙、裂痕 ◎ 整体均匀性好，结实耐用 ◎ 纵向抗弯强度比横向大得多 ◎ 厚度稳定性差	130~350 元	√ 家具基材 √ 家具饰面 √ 门基材	

名称	特点	参考价格	适用部位	图片
奥松板	◎ 内部结合强度极高 ◎ 用辐射松制成，环保耐用 ◎ 色泽、质地均衡统一 ◎ 稳定性好，硬度大 ◎ 易于油染、清理、着色、喷染及各种形式的镶嵌和覆盖 ◎ 具有木材的强度和特性，避免了木材的缺点 ◎ 缺点是不容易吃普通钉	130~220 元	√ 墙面造型基材 √ 家具基材 √ 门基材	
多层板	◎ 将木薄片用胶黏剂胶合而成的三层或多层的板状材料 ◎ 也叫胶合板 ◎ 质轻，易加工 ◎ 强度好，稳定性好，不易变形 ◎ 易加工和涂饰、绝缘 ◎ 缺点是含胶量大，容易有污染	85~190 元	√ 家具基材 √ 门基材	
刨花板	◎ 也叫颗粒板、微粒板 ◎ 原料为木材或其他木质纤维素材料 ◎ 横向承重力好 ◎ 耐污染，耐老化 ◎ 防潮性能不佳 ◎ 市场种类繁多，导致优劣不齐	65~165 元	√ 家具基材	
实木指接板	◎ 原料为各种实木 ◎ 用胶少，环保、无毒 ◎ 可直接代替细木工板 ◎ 追求个性效果，可无需叠加饰面板 ◎ 带有天然纹理，具有自然感 ◎ 耐用性逊于实木，受潮易变形	110~180 元	√ 家具基材 √ 家具饰面	
中密度纤维板	◎ 原料为木质纤维或其他纤维及合成树脂 ◎ 结构均匀，材质细密 ◎ 性能稳定，耐冲击 ◎ 表面光滑平整，易加工 ◎ 做油漆效果的首选基材 ◎ 耐潮性差、遇水膨胀 ◎ 握钉力较差	80~220 元	√ 家具基材 √ 门基材 √ 地板基材	

构造板材的应用技巧

根据使用部位选择构造板的种类

构造板材的种类较多，很多人不清楚应该怎么选择。具体使用时，可根据适用部位以及居住人群的不同，从板材的环保性及耐久性方面来综合性考虑。例如，儿童房和老人房尽量以环保为选择出发点；若房间较潮湿，则不宜选择不耐潮的类型；若需要比较多的加工，则应注重握钉能力；如果家具需要摆放的重物较多，则应选择横向承重能力佳的种类等。需要注意的是，当有较多的选择性时，可结合其他部位的用材，尽量选择统一的材料，可降低损耗。

< 小方柱组成的镂空式隔断，用细木工板、实木指接板或多层板均可，建议结合居室其他部位用材选择。

构造板材使用数量的控制很关键

现在，人们在装饰室内空间时很注重环保性，而即使购买了环保板材也不代表能够完全保证室内的环保系数是合格的，其关键在于板材数量的控制。合格并不代表没有污染，只表示污染含量较低，所以使用的构造板材数量多的时候，一样会使污染物超标。因此，控制构造板材的使用数量才是环保的关键。

^ 少量地在现场制作木构造，才能够减少构造板材的使用，从而减少污染物的产生。

构造板材应用案例解析

实木指接板

设计说明 在日式榻榻米的休闲室内，墙面采用实木指接板做开敞式收纳柜，搭配绿色墙面漆，舒适、自然。这里的指接板没有叠加饰面材料而直接裸露本色，与榻榻米的草材质搭配更加协调、舒适，施工方式也更环保。

奥松板

设计说明 墙面造型基材适合的构造板材很多，而此案例为儿童房，选材上首先宜考虑环保性，且造型较简单、跨度小，所以使用了奥松板作为造型的基层材料。

02

第二章

装饰石材

石材是一种高档建筑装饰材料，由于它可进行抛光、锯切等加工，色彩丰富，且储蓄量大、性价比高，适用于各种家居设计风格，所以被设计师广泛地用在室内家居设计中。石材种类很丰富，主要分为天然石和人造石两大类，细分下来有几十种，给设计师们丰富的选择。

大理石

纹理天然，变化多样

大理石的纹路和色泽浑然天成、层次丰富，每一块大理石的纹理都是不同的，且纹理清晰、自然，光滑细腻，具有低调的华丽感，不仅适合华美的风格，同样也适合简约类的风格。大理石的硬度虽然只有 3，但不易受到磨损，在家居空间中，除了装饰墙面，还可用在地面、台面等处做装饰，若应用面积大，还可采用拼花手法，使其更加大气。各色大理石优劣不等，使用质量上好的大理石材料装修墙面、地面等能够使家居环境更显华丽、大气。

大理石种类速查表

名称	特点	参考价格（平方米）	适用部位	图片
黑金砂	◎ 黑色底，内含“金点儿” ◎ 装饰效果尊贵而华丽 ◎ 结构紧致，质地坚硬 ◎ 吸水率低，适合做过门石 ◎ 耐酸碱	160~400 元	√ 墙面 √ 地面 √ 台面 √ 过门石	
黑金花	◎ 深咖色底，带有金色花朵 ◎ 装饰效果华丽，是大理石中的王者 ◎ 质感柔和，美观庄重 ◎ 抗压强度高 ◎ 物理、化学性能良好	180~320 元	√ 墙面 √ 背景墙 √ 地面 √ 台面 √ 壁炉 √ 门套	
黑白根	◎ 底色为黑色，带有白色筋络形花纹 ◎ 花纹对比鲜明，具有动感 ◎ 光度、耐久度佳 ◎ 硬度高，耐磨	175~320 元	√ 墙面 √ 背景墙 √ 地面 √ 台面	

名称	特点	参考价格（平方米）	适用部位	图片
银狐	◎ 底色为白色，带有银灰色的纹路 ◎ 花纹极具特点 ◎ 不同板块的纹理差异性很大 ◎ 看似简单，而细节精致 ◎ 吸水性强 ◎ 不适合用于地面和浴室	350 元左右	√ 背景墙	
金线米黄	◎ 底色为米黄色，花纹为线形 ◎ 属于高档装饰石材 ◎ 耐久性差，性价比高 ◎ 不适合用于地面	165~260 元	√ 墙面 √ 背景墙 √ 台面 √ 门套	
帝诺米黄	◎ 底色为浅黄色或浅褐黄色 ◎ 纹理为层式，无规则 ◎ 色泽温润，风格淡雅 ◎ 孔隙大，易吸水，吸水后易变色 ◎ 价格较高 ◎ 适合用于干燥的家居环境	400 元左右	√ 墙面 √ 背景墙 √ 地面 √ 门套 √ 窗套	
西班牙米黄	◎ 底色为米黄色 ◎ 有各种色线或红线 ◎ 耐磨性能好 ◎ 不易被氧化 ◎ 使用寿命长 ◎ 装饰效果佳	145~240 元	√ 墙面 √ 背景墙 √ 地面 √ 台面	
莎安娜米黄	◎ 底为米黄色，有白花 ◎ 光泽度好，色彩丰富 ◎ 有“米黄石之王”的美誉 ◎ 耐磨性好 ◎ 硬度较低 ◎ 出现裂纹难以胶补	125~280 元	√ 墙面 √ 背景墙 √ 地面 √ 台面 √ 背景墙	
旧米黄	◎ 板底色是米黄色，带有暗色的云朵状纹理 ◎ 光度好，硬度好 ◎ 易胶补 ◎ 装饰风格清新淡雅	250 元左右	√ 墙面 √ 背景墙 √ 地面 √ 装饰构件	

名称	特点	参考价格（平方米）	适用部位	图片
大花白	◎ 主体为白色，带有深灰色的线形纹路 ◎ 进口大理石，属于高档石材 ◎ 纹路自然流畅，百搭 ◎ 硬度和强度高于其他大理石	350 元左右	√ 墙面 √ 背景墙 √ 地面	
爵士白	◎ 主体为白色，纹理为灰白色 ◎ 形状以曲线为主，清晰均匀密集且独特 ◎ 硬度小，易加工 ◎ 易变形，易被污染 ◎ 底色越白品质越好	200 元左右	√ 墙面 √ 背景墙 √ 地面 √ 台面	
雅士白	◎ 色泽白润如玉，纹路很少 ◎ 效果美观、高雅 ◎ 属于颜色最白的高档大理石 ◎ 颗粒细致，质地软 ◎ 价格偏高	250 元左右	√ 墙面 √ 背景墙 √ 地面 √ 台面	
洞石	◎ 色彩丰富，有白色、红色、咖啡色等 ◎ 质感丰富，条纹清晰 ◎ 多孔，易被水腐蚀 ◎ 不适合用于卫生间 ◎ 硬度小，可用于深度加工	320~500 元	√ 背景墙	
银白龙	◎ 底色为黑色或黑灰色，色彩对比分明 ◎ 纹路如龙形，具有层次感和艺术感 ◎ 耐久耐磨，光度好 ◎ 具有典雅、高贵的装饰效果	180~430 元	√ 墙面 √ 背景墙 √ 地面 √ 台面	
金碧辉煌	◎ 底色为黄色、淡黄色及淡黄偏白色 ◎ 花纹有白色米粒或米牙 ◎ 性价比高 ◎ 不同板块，花纹差异较大	150 元左右	√ 地面 √ 墙面 √ 台面	
卡门灰	◎ 白色渗入灰底中，两种颜色过渡自然， ◎ 纹路虽无规则但不夸张 ◎ 颜色低调却不乏大气 ◎ 结构致密，质地细腻	380 元左右	√ 墙面 √ 地面	

名称	特点	参考价格（平方米）	适用部位	图片
波斯灰	◎ 浅灰色，乱纹 ◎ 石肌纹理流畅自然，色泽清润细腻 ◎ 抛光后晶莹剔透 ◎ 装饰效果华贵大方，具有古典美 ◎ 耐磨性能良好 ◎ 不易老化，寿命长	430 元左右	√ 墙面 √ 背景墙 √ 地面 √ 门套 √ 窗套	
木纹玉	◎ 材质细腻，纹路优雅 ◎ 有以黄色为底色 ◎ 硬度低，耐磨	500 元以上	√ 墙面 √ 台面 √ 地面 √ 背景墙	
木纹石	◎ 纹路与木材相似 ◎ 具有木质材料的天然感 ◎ 吸水率低 ◎ 不适合用于地面 ◎ 不适合用在卫生间	230~380 元	√ 墙面	
橙皮红	◎ 底色为橘红色，深颜色，有白花 ◎ 颜色鲜艳而具有个性 ◎ 整体颜色越红越好 ◎ 不同板块花纹差异大 ◎ 光泽度好，易胶补	280~450 元	√ 背景墙 √ 家具面板 √ 台面 √ 构件	
紫罗红	◎ 底色为深红或紫红，还有少量玫瑰红 ◎ 纹路呈粗网状，有大小数量不等的黑胆 ◎ 装饰效果色调高雅、气派 ◎ 耐磨性能好	450 元以上	√ 背景墙 √ 门窗套 √ 过门石	
啡网纹	◎ 底色包括深色、浅色、金色等 ◎ 纹理浅褐、深褐与丝丝浅白的错综交替，呈网状 ◎ 质地好，光泽度高 ◎ 安装时反面需要用网，长板易有裂纹	450 元左右	√ 墙面 √ 地面 √ 台面 √ 门套 √ 过门石	
大花绿	◎ 底色为呈深绿色，有白色条纹 ◎ 色彩鲜明 ◎ 坚实，耐风化，密度大 ◎ 室内外均适用	300 元左右	√ 墙面 √ 地面 √ 台面 √ 构件 √ 过门石	

大理石的应用技巧

纹理有特点的大理石可单独做背景墙

有一些纹理极具特点的大理石，可以单独地使用作为空间内主要背景墙的主材，如客厅中的电视墙、餐厅背景墙等。此类大理石由于本身极具特点，使用时无需再搭配其他材料，即可塑造出个性而大气的效果。

需要注意的是，这类大理石通常不同板块的纹理差异较大，应认真挑选，否则会影响整体效果。

^ 精心挑选的卡门灰大理石单独地用在客厅背景墙上，纹理犹如一幅抽象画，给人时尚而大气的感觉。

大理石应用案例解析

大花白大理石

设计说明 此案顶面为白色，墙面和地面为灰色，作为空间重点部位的壁炉选择了大花白大理石，再配以白色为主的家具，简洁、素雅而大气。硬装材质与软装材质色彩的呼应，使空间非常统一、协调。

波斯灰大理石

设计说明 新中式风格的居室内，背景墙和地面均采用了波斯灰大理石，搭配米白色和黑色组成的家居，肃穆而不单调，充分彰显出了新中式风格的高雅气质。

花岗岩

耐磨、防水，可用于室外

花岗岩硬度较高，经久耐用，品种丰富，颜色多样，具有广泛的选择范围，容易维护，抗污能力较强，拥有独特的耐温性，极其耐用，易于维护表面，是作为墙砖、地材和台面的理想材料。它比陶瓷器或其他任何人造材料稀有，所以铺置花岗岩地板还可以增加房产的价值。花岗岩同时还具有良好的抗水、抗酸碱和抗压性，不易风化，所以它不仅可以用于室内，也可以用于室外建筑或露天雕刻。

花岗岩种类速查表

名称	特点	参考价格（平方米）	适用部位	图片
印度红	◎ 色彩以红色居多，夹杂着花朵图案 ◎ 分为深红、淡红、大花、中花、小花等 ◎ 结构致密，质地坚硬，耐酸碱 ◎ 易切割，塑造，可以做出多种表面效果	200 ~300 元	√ 墙面 √ 地面 √ 台阶 √ 踏步	
山西黑	◎ 又称帝王黑、太白青等 ◎ 是世上最黑最纯的花岗岩 ◎ 硬度强，结构均匀，光泽度高 ◎ 被称为“世界石材极品”	200 ~300 元	√ 墙面 √ 地面 √ 台面 √ 壁炉	
芝麻灰	◎ 白色、灰色和黑色相间 ◎ 世界上最著名的花岗岩品种之一 ◎ 颗粒结构，块状构造 ◎ 硬度强，光泽度高	180 ~220 元	√ 墙面 √ 地面 √ 壁炉 √ 台面	

名称	特点	参考价格（平方米）	适用部位	图片
黄金麻	◎ 黄灰色，散布灰麻点 ◎ 结构致密，质地坚硬 ◎ 耐酸碱，耐气候性好 ◎ 可在室外长期使用 ◎ 硬度大，表面光洁度高	200～300 元	√ 墙面 √ 地面 √ 台面	
蓝珍珠	◎ 深灰色的花岗岩，带有蓝色片状晶亮光彩 ◎ 进口花岗岩，产量少，价格高 ◎ 适合局部使用 ◎ 耐磨性能佳	500 元起	√ 墙面 √ 背景墙 √ 地面 √ 台面 √ 壁炉	
英国棕	◎ 主要为褐底红色色胆状结构 ◎ 花纹均匀，色泽稳定 ◎ 光度较好 ◎ 硬度高，不易加工 ◎ 断裂后不易胶补	160 元起	√ 墙面 √ 门窗套 √ 台面	
绿星	◎ 主要为深绿色，自带银片 ◎ 价格高，适合局部装饰 ◎ 不易老化，寿命长 ◎ 进口花岗岩，花纹独特	1000~1500 元	√ 地面 √ 墙面 √ 台面 √ 背景墙 √ 壁炉	
金钻麻	◎ 底色有黑底、红底、黄底 ◎ 带有紫色点、蓝丝纹或金黄色粗花 ◎ 不同板块的颜色、花纹差异性较大 ◎ 材质较软，非常容易加工	300 元起	√ 地面 √ 墙面 √ 台面 √ 背景墙 √ 壁炉	
珍珠白	◎ 较为稀有 ◎ 结构致密 ◎ 不易发生化学反应，抗风能力强 ◎ 具有良好的物理性能	200 元起	√ 地面 √ 墙面 √ 台面 √ 壁炉 √ 背景墙	
啡钻	◎ 褐色底，有类似钻石形状的大颗粒花纹 ◎ 耐酸碱，耐气候性好 ◎ 易切割、塑造 ◎ 承载性强，抗压能力好，延展性高	200 元起	√ 墙面 √ 背景墙 √ 地面 √ 台面 √ 壁炉	

花岗岩的应用技巧

室内最适合做台面或铺地面

花岗岩虽然花色众多，但纹理变化都比较小，在墙面上的装饰效果不如大理石独特，所以不建议大面积用在墙面上。在室内，由于其突出的耐磨性和耐久性，最适合使用的部位就是作为橱柜、家具的台面，或用在地面上代替地砖或作为过门石，具有非常个性的装饰效果。

需要注意的是，花岗岩的色彩选择，应与空间中的其他部分协调或呼应。

^ 用花岗岩做厨房的台面，花色的选择上比人造石多，效果也更高贵。

花岗岩应用案例解析

珍珠白花岗岩

设计说明 开敞式的厨房内，橱柜选择了棕色系的实木材质，墙面和地面粘贴了米黄色的砖，缺乏明快一些的对比感，加入珍珠白花岗岩材质的台面，使整体效果层次变化更丰富。

金钻麻花岗岩

设计说明 厨房内，选择金钻麻花岗岩作为厨房台面，美观、耐磨，与深棕色的橱柜搭配，明度对比鲜明，减轻了橱柜的沉重感，增添了高贵的气质。

文化石

质轻，具有浓郁自然韵味

文化石是一种人造石材，模仿了自然石材的外形，以水泥掺入砂石等材质，灌入模具制成，质感可与天然石材媲美，但质地更轻，强度更高，吸水性更低。用于室内设计中，能够使家居环境独具自然之风。缺点是表面粗糙，容易被其划伤，如果家中有老人或孩童，不建议大面积使用。

文化石种类速查表

名称	特点	参考价格（平方米）	适用部位	图片
城堡石	◎ 外形仿照古时城堡外墙形态和质感 ◎ 有方形和不规律形两种类型 ◎ 颜色深浅不一，多为棕色和黄色两种色彩 ◎ 排列多没有规则	250 元起	√ 背景墙	
层岩石	◎ 最为常见的一款文化石 ◎ 仿岩石石片堆积形成的层片感 ◎ 有灰色、棕色、米白色等 ◎ 排列较规则	200 元起	√ 背景墙	
仿砖石	◎ 仿照砖石的质感以及样式 ◎ 颜色有红色、土黄色、暗红色等 ◎ 排列规律、有秩序，具有砖墙效果 ◎ 是价格最低的文化石	200 元起	√ 背景墙	
乱石	◎ 模仿天然毛石片的质感 ◎ 表面凹凸不平，多有历经沧桑的感觉 ◎ 有棕色、灰色和藕色等颜色 ◎ 排列没有规则	300 元起	√ 背景墙	
鹅卵石	◎ 仿造鹅卵石的质感及样式 ◎ 有鹅卵石片和鹅卵石两种样式 ◎ 有棕色、灰色等颜色 ◎ 排列多没有规则	200 元起	√ 背景墙	

文化石的应用技巧

文化石在室内不宜大面积铺贴

文化石在室内不适宜大面积使用，面积太大给人的感觉过于冷硬，会失去家居的舒适感。一般来说，墙面使用面积不宜超过其所在空间墙面的三分之一，且居室中不宜多次出现文化石墙面，可作为重点装饰在单独的一面墙中使用。

需要注意的是，文化石表面容易有粉尘，对此类物质过敏的人群建议避免使用。

< 将仿砖石文化石用在短边墙一侧，其他墙面使用乳胶漆，比例非常舒适。

留缝与否可根据款式决定

文化石的拼贴方式可分为密贴和留缝两类。但并不是所有的款式都需要留缝，仿层岩石的文化石，适合以密贴的方式铺贴，且底浆不宜过厚；而如仿砖石和一些不规则的款式，为了凸显其模仿的真实感，则需要留一定的缝隙。

需要注意的是，缝隙的处理需平整，才能与文化石的粗糙形成对比，而显得美观。

∨ 仿砖石的文化石，铺贴时错缝并留出明显的缝隙，效果与真实的砖会更相似。

文化石应用案例解析

乱石文化石

设计说明 将两面窗中间的小墙面利用起来，使用乱石文化石塑造出小面积的背景墙，为具有精致和高贵感的餐厅空间增添了一丝粗犷和自然感。

鹅卵石文化石

设计说明 背景墙以鹅卵石文化石为中心，搭配蓝灰色和棕色组成的柜子，简单但乡村韵味浓郁，配以防腐地砖和铁艺楼梯，淳朴、自然。

03

第三章

装饰瓷砖

瓷砖原材料多由黏土、石英砂等混合，经过一系列工艺制作而成。它的种类多样，花色繁多，除了可模仿石材的纹理和质感外，还有很多创新的花样。好的瓷砖不仅打理方便，使用寿命也很长，逐渐成为了现代家居中地面及墙面装饰不可缺少的材料。挑选瓷砖除结合使用部位选择适合的品种外，还宜结合家居风格、色彩等方面选择纹理和色彩，才能起到美化环境的作用。

玻化砖

密度高、全瓷化，耐磨

玻化砖，又称瓷质抛光砖，属于通体砖的一种，是瓷砖中最硬的一种。它的吸水率较低，硬度较高，耐酸碱且用途广泛，又被称作“地砖之王”。但是由于玻化砖经过打磨，毛气孔较大，易吸收灰尘和油烟，所以不适合用于厕所和厨房。玻化砖的色彩柔和，不同吸水率的玻化砖的颜色种类丰富，适合于现代简约的设计风格。

玻化砖种类速查表

名称	特点	参考价格（平方米）	适用部位	图片
微粉砖	◎ 耐磨，耐划 ◎ 吸水性低 ◎ 表面光滑，光泽度好 ◎ 性能稳定，质地坚硬 ◎ 适合现代、简约风格的家居	50~180 元	√ 地面	
渗花型抛光砖	◎ 吸水性低 ◎ 颜色鲜艳、丰富 ◎ 纹路清晰 ◎ 表面光滑 ◎ 毛气孔大，不适合用于厨房等油烟大的地方 ◎ 基础型玻化砖，适合各种风格的家居	65~210 元	√ 地面	
多管布料抛光砖	◎ 颜色比渗花型抛光砖的颜色更暗淡 ◎ 色彩丰富 ◎ 吸水性低 ◎ 纹理清晰 ◎ 素雅大方 ◎ 性能稳定，耐磨，耐划 ◎ 各种家居风格均适用	85~320 元	√ 地面	

玻化砖的应用技巧

仿石材款式可取代石材

玻化砖有一些仿石材纹理的款式，其效果可与抛光后的石材媲美。与石材不同的是，它的自重更轻，对楼板的压力更小，且花纹比天然石材更规律，铺设和加工也更简单一些，但价值和天然感要比石材差一些，非常适合喜欢石材质感又觉得价格较高的人群。

需要注意的是，此类砖更适合用在地面上，用在墙面上过于光亮，容易降低档次。

< 仿石材纹理的玻化砖，铺设效果完全可与石材媲美，且造价更低，打理更容易。

拼花铺贴效果更高级

想要追求更高级更华丽的效果，可以将玻化砖进行拼花式的铺贴，装饰效果会更贴近石材。可以是简单地选择小方块或长条形的石材，插入到玻化砖中，也可以将玻化砖与地板进行拼花。

需要注意的是，拼花适合选择较为素雅一些的砖体，否则容易显得过于混乱。

∧ 将仿石材纹理的灰色玻化砖，与黑色和白色石材拼花铺贴，让整体感觉与石材更靠近。

纹理的选择宜结合风格

玻化砖的款式非常多，建议从家居整体风格来考虑，除了墙面的材质和色彩外，将家具的款式和色彩也考虑进来，后期效果会更加协调、统一。例如墙面是白色，家具是黑色，整体为简约风格，地砖就可选择纹理淡雅一些的灰色系或米黄色系，整体层次感会更强。

需要注意的是，如果房间小或采光不佳，切忌深色地砖配深色家具，会过于压抑。

> 简约风格的餐厅内，地面选择了比较柔和、淡雅的款式，搭配深色家具，简洁而具有节奏感。

玻化砖的鉴别与选购

① 选大品牌

玻化砖从表面难以看出质量的差别，而内在品质差距却非常巨大。专业的玻化砖生产厂家几十道生产工序都有严格的标准规范，质量比较稳定，因此建议选购大品牌的产品。

② 看砖体表面及底坯

看砖体表面是否光泽亮丽，无划痕、色斑、漏抛、漏磨、缺边、缺角等缺陷；查看底胚标记，正规厂家生产的产品底胚上都有清晰的产品商标标记，没有或者模糊的不建议购买。

玻化砖应用案例解析

多管布料抛光砖

设计说明 本案整体基调为新中式，客厅中顶面和墙面均采用白色，地面搭配米黄色仿石材纹理的玻化砖，既与墙面拉开了差距，增添了层次感，又不会破坏整体的素雅感。

渗花型抛光砖

设计说明 地面采用了白底灰色纹理的高亮度玻化砖，夜晚在灯光的反射下，与白色顶面呼应又具有不同的质感，为高雅的居室增添了别样效果。

釉面砖

色彩和图案丰富，耐磨性稍差

釉面砖是砖的表面经过施釉高温高压烧制处理的瓷砖，是由土坯和表面的釉面两个部分构成的，其表面可以做各种图案和花纹，种类十分丰富；因为表面是釉料，所以耐磨性不如其他砖体。釉面砖最大的优点是防渗、防污性能强，不怕脏，大部分的釉面砖的防滑度都非常好，所以更适合用在卫生间和厨房中。釉面砖按照表面光泽度可分为亮面和哑光面两类，按照材质又可分为陶制和瓷制两种，各有其不同特点。

釉面砖种类速查表

名称	特点	参考价格（平方米）	适用部位	图片
亮面釉面砖	◎ 表面比较光滑、明亮 ◎ 能够凸显整洁、干净的感觉 ◎此类砖表面越平整越好	55~210 元	√ 厨、卫墙面	
哑面釉面砖	◎ 具有哑光的效果 ◎ 更具时尚感和高级感 ◎ 无色差的釉面能够给人更舒适的视觉效果	50~190 元	√ 厨、卫墙面 √ 厨、卫地面	
陶制釉面砖	◎ 由陶土烧制而成 ◎ 吸水率较高，强度相对较低 ◎ 背面颜色为红色	50~220 元	√ 厨、卫墙面	
瓷制釉面砖	◎ 由瓷土烧制而成 ◎ 吸水率较低，强度相对较高 ◎ 背面颜色是灰白色	50~220 元	√ 厨、卫地面	

釉面砖的应用技巧

墙、地同颜色时，可做一些变化

在卫生间或厨房比较小的情况下，很多人会选择墙面和地面铺设同样颜色的釉面砖，例如白色或浅色，意图让空间显得更宽敞一些，但这种做法也很容易显得单调，可以在地面上设计一些简单的拼花，既做了界面的区分，又能够增添层次感。

需要注意的是，拼花砖的色彩越简单越好，纯色最佳，尽量不要选择花色。

< 小卫浴间内，墙面、地面均为白色釉面砖，为了避免单调，地面加入了一些黑色拼花。

厨房墙面宜选亮面产品

在家居环境中，厨房的面积通常不大，且从厨房的使用功能上来讲，墙面宜显得更整洁一些，所以在厨房墙面上使用釉面砖时，建议选择亮面的产品，除了能让环境更干净，还能看起来更明亮。

需要注意的是，如果是复古型的厨房，搭配哑面的会更协调一些。

∨ 小面积的厨房，使用浅色系的亮面釉面砖，会让空间看起来更整洁、宽敞一些。

釉面砖应用案例解析

白色亮面釉面砖，瓷制釉面砖

墨绿色亮面釉面砖，瓷制釉面砖

设计说明 为了彰显宽敞感和整洁感，卫浴间墙面大量地使用了白色亮面釉面砖，同时还在面盆和马桶的后方混搭了部分深绿色的亮面釉面砖，从色彩上做简单的分区，又避免了全白的单调感。

哑面釉面砖，陶制釉面砖

哑面釉面砖，陶制釉面砖

设计说明 卫浴间较窄，地面和墙面选择同一款浅灰色的釉面砖，搭配白色顶面和洁具，简洁而具有浓郁的都市感。相连的界面使用同种颜色，能够弱化界限，让小空间看起来更宽敞。

微晶石

质感细腻，效果华丽

微晶石学名为微晶玻璃复合板材，是将一层 3 ～ 5 毫米的微晶玻璃复合在陶瓷玻化石的表面，经二次烧结后完全融为一体的高科技产品。微晶玻璃集中了玻璃与陶瓷材料二者的特点，热膨胀系数很小，也具有硬度高、耐磨的机械性能，密度大，抗压、抗弯性能好，耐酸碱，耐腐蚀，在室内装饰中被广为利用。与釉面砖恰恰相反的是，微晶石不适合用于卫生间和厨房。

微晶石种类速查表

名称	特点	参考价格（平方米）	适用部位	图片
无孔微晶石	◎ 也称人造汉白玉，通体为纯净的白色 ◎ 非常环保 ◎ 无气孔，无杂斑 ◎ 吸水率为零 ◎ 可打磨翻新 ◎ 光泽度高	200~880 元	√ 墙面 √ 地面 √ 柱体 √ 台面 √ 面盆	
通体微晶石	◎ 又称微晶玻璃 ◎ 天然无机 ◎ 性能优于天然花岗石、大理石及人造大理石 ◎ 不易腐蚀、氧化、褪色 ◎ 吸水率低 ◎ 强度高，经久耐用 ◎ 光泽度高，色彩鲜艳 ◎ 无需保养	180~670 元	√ 墙面 √ 背景墙 √ 地面 √ 台面	
复合微晶石	◎ 也称微晶玻璃陶瓷复合板 ◎ 无放射物，绿色健康 ◎ 装饰效果佳 ◎ 硬度大，抗折性能强 ◎ 完全不吸污，方便清洗 ◎ 耐腐蚀性强，耐气候性强 ◎ 色泽自然，永不褪色 ◎ 结构致密，纹理清晰	120~490 元	√ 墙面 √ 背景墙 √ 地面 √ 台面	

微晶石的应用技巧

大墙面可用微晶石与护墙板组合

在一些欧美风格的家居中，用微晶石做背景墙可以具有华丽类似大理石的装饰效果，但自重轻，表面更光洁，是一种很好的代替品。但其纹理极具特点，大面积的墙面中，单独的使用容易显得没有重点，可以将其放在中间部分，两侧搭配护墙板，层次感会更突出。

需要注意的是，作为背景墙使用的微晶石，花色既要突出，又要具有显著的风格特点。

^ 白色和灰色相间的微晶石，两侧搭配白色护墙板，兼具高贵感和低调华美感。

普通微晶石更适合用在墙面上

微晶石虽然可以墙、地通用，但除了少部分高档的微晶石地砖外，大部分普通的微晶石地砖每一块的花纹都不一样，所以很难做到花纹无缝对接，用在地面上容易显得混乱；且微晶石光泽度可以达到 **90%**，划伤后很容易看见，而地面使用频率高，非常容易损伤，所以更建议将其用在墙面上。

需要注意的是，比起大面积的在墙面铺贴，用在背景墙部分会更个性、美观。

^ 用微晶石做背景墙，光泽感和质感都可以与天然大理石媲美，且花纹可选择性更多。

微晶石应用案例解析

通体微晶石

设计说明 将不同纹理的类似色系微晶石组合起来，分别大面积铺贴墙面及做背景墙，层次分明且丰富，其晶莹光亮的质感搭配仿石材的纹理，使空间显得富丽又不失温馨感。

复合微晶石

设计说明 将地砖专用的微晶石与大理石组合起来做成拼接式的花纹，黄色与深咖色相间，搭配欧式造型的墙面和家具，极具奢华感。

仿古砖

具有怀旧氛围，防水、防滑

仿古砖是从彩釉砖演化而来，与普通的釉面砖相比，其差别主要表现在釉料的色彩上面。仿古砖属于普通瓷砖，与瓷片基本是相同的。所谓仿古，指的是砖的视觉效果，应该叫仿古效果的瓷砖，其实并不难清洁。它仿造以往的样式，带着一股浓浓的历史感，将其用在家居设计中，更显时尚。因为其抗氧化性强，吸水性低，除了客厅、餐厅，也同样适合用于厨、卫中。

仿古砖种类速查表

名称	特点	参考价格（平方米）	适用部位	图片
花草图案	◎ 以各种类型的花草为图案 ◎ 图案位于砖体中间或四周 ◎ 色彩丰富、款式众多 ◎ 除了正常尺寸外，还有菱形的款式，可用来拼花 ◎ 适合自然类的家居风格	110~350 元	√ 墙面 √ 地面	
仿皮纹	◎ 砖体表面仿制皮革的纹理 ◎ 色彩多为棕色或黑色 ◎ 比较适合简约或现代风格的家居	85~320 元	√ 墙面 √ 背景墙 √ 地面	
仿木纹	◎ 砖体纹理仿制各种木纹 ◎ 色彩以木材色调为主 ◎ 除了方形、长方形外，还有长条形的砖体 ◎ 各种风格的家居均适用，可取代木地板	75~300 元	√ 墙面 √ 地面	
仿岩石	◎ 砖体纹理仿制各种岩石质感 ◎ 是最为常见的仿古砖款式 ◎ 常见的除了单色砖外，还有拼色款 ◎ 方形居多 ◎ 不同纹理适合不同风格家居	110~550 元	√ 墙面 √ 地面	
仿金属	◎ 砖体表面仿制生锈金属纹理 ◎ 色彩多为深灰色、深棕色或锈黄色 ◎ 比较适合简约或现代风格的家居	85~320 元	√ 墙面 √ 背景墙 √ 地面	

仿古砖的应用技巧

根据家居风格选择适合的款式

在大多数人们的印象中，仿古砖常见于美式乡村风格、地中海风格或田园风格的家居中。然而实际上，它并不是这些风格的专属，其色彩和纹理非常多，除了常见的几种纹理，更有几十种款式，不论何种风格，都可以将仿古砖纳入考虑范围之内。

需要注意的是，在选择时建议结合风格的特征来选择代表色彩和纹理，更容易获得协调的装饰效果。

< 田园风格的卧室内，选择大地色系的仿岩石仿古砖，搭配木质家具，非常舒适、自然。

卫浴、厨房使用可多些拼色设计

仿古砖性能优良，与大部分的瓷砖不同，它可以用在卫浴和厨房中，无论是用在墙面和地面，都可以进行一些色差较大的拼色设计。因为厨、卫的面积小，所以并不容易显得凌乱，还能增加一些个性和活泼感。

需要注意的是，如果墙、地面同时做拼色，建议在铺贴方式上做些变化。

v 小卫浴间内，墙、地面采用同系列仿古砖，但铺设方式做了区分，统一中蕴含变化。

仿古砖应用案例解析

仿木纹仿古砖

设计说明 LOFT 风格的居室内，用仿木纹并印有字母的仿古砖搭配水泥顶面和墙面，时尚、个性，且带有工业化的气息，同时，木纹纹理柔化了水泥的冷硬感，不失居住环境的温馨。

仿岩石仿古砖

设计说明 在蓝色仿古砖和地板之间，用蓝色、褐色和白色组成的小砖进行拼贴，使两部分色彩完美过渡，并增添了活泼感和一些沧桑的韵味。

马赛克

色泽多样，稳定性佳

马赛克又称陶瓷锦砖或纸皮砖，由坯料经半干压成形，窑内焙烧成锦砖，主要用于铺地或内墙装饰，也可用于外墙饰面。款式多样，常见的有贝壳马赛克、夜光马赛克、陶瓷马赛克以及玻璃马赛克等，装饰效果突出。由于组成的方法、形状很多，所以马赛克的形状各异，可以根据不同的家居风格进行设计，但是马赛克的占用面积一般不宜太大。

马赛克种类速查表

名称	特点	参考价格（平方米）	适用部位	图片
贝壳马赛克	◎ 由纯天然的贝壳组成，色彩绚丽，带有光泽 ◎ 分天然和养殖两类，前者价格昂贵，后者相对较低 ◎ 形状较规律，每片尺寸较小 ◎ 天然环保 ◎ 吸水率低，抗压性能不强 ◎ 施工后，表面需磨平处理	500~1100 元	√ 墙面 √ 背景墙 √ 柜面	
陶瓷马赛克	◎ 品种丰富，工艺手法多样 ◎ 除常规瓷砖款式外，还有冰裂纹等多种样式 ◎ 色彩较少 ◎ 价位相对较低 ◎ 防水防潮 ◎ 易清洗	80~450 元	√ 墙面 √ 背景墙 √ 地面	

名称	特点	参考价格（平方米）	适用部位	图片
夜光马赛克	◎ 原料为蓄光型材料，吸收光源后，夜晚会散发光芒 ◎ 价格不菲，可定制图案 ◎ 装饰效果个性、独特 ◎ 很适合小面积地用于卧室和客厅进行装饰	550~960 元	√ 背景墙	
金属马赛克	◎ 以金属为原材料 ◎ 色彩多低调，反光效果差 ◎ 装饰效果现代、时尚 ◎ 材料环保、防火、耐磨 ◎ 独具个性	180~470 元	√ 墙面 √ 背景墙 √ 部分地面 √ 柜面	
玻璃马赛克	◎ 由天然矿物质和玻璃粉制成 ◎ 色彩最丰富的马赛克品种，花色有上百种之多 ◎ 质感晶莹剔透，配合灯光更美观 ◎ 耐酸碱，耐腐蚀，不褪色 ◎ 不积尘、质量轻、黏结牢 ◎ 现代感强，纯度高，给人以轻松愉悦之感 ◎ 易清洗，易打理	120~550 元	√ 墙面 √ 部分地面	
石材马赛克	◎ 原料为各种天然石材 ◎ 是最为古老的马赛克品种 ◎ 色彩较低调、柔和 ◎ 效果天然、质朴 ◎ 有哑光面和亮光面两种类型 ◎ 需专门的清洗剂来清洗 ◎ 防水性较差 ◎ 抗酸碱腐蚀性能较弱	130~450 元	√ 背景墙 √ 部分地面	
拼合材料马赛克	◎ 由两种或两种以上材料拼接而成 ◎ 最常见的是玻璃 + 金属，或石材 + 玻璃的款式 ◎ 质感更丰富	150~300 元	√ 墙面 √ 背景墙 √ 部分地面	

马赛克的应用技巧

马赛克可用做背景墙主料

马赛克不仅可以用在卫生间中，还可以用在其他空间中作为背景墙的主料使用，例如电视墙、沙发墙、餐厅背景墙甚至是卧室。常规的做法是搭配一些造型，大面积同系列铺贴；个性一些的可以用不同材质不同色彩的马赛克拼贴成“装饰画”，这种做法更有立体感和艺术感，但造价较高。需要注意的是，马赛克用在卧室时，玻璃和金属款式的不建议大面积使用，容易冷硬。

< 将马赛克搭配硅藻泥作为沙发背景墙，虽然色彩较为素雅，但马赛克的晶莹质感和拼色组合在灯光的映衬下，带来了丰富的层次感。

公共区大面积使用时，色彩不宜过于花哨

除了用马赛克拼画及做背景墙的使用方式外，在家居的公共区内，用马赛克大面积粘贴墙面时，不建议用过于花哨的颜色。尤其是小面积的空间，无论是花色太多的单一款式，还是使用多种材料自行设计的款式，都容易让人觉得混乱。

可行的建议是，非背景墙的位置，可将少量花哨的马赛克与其他材质相间使用。

∨ 餐厅面积较小，选择同色系内渐变的马赛克大面积粘贴墙面，素雅却又蕴含着丰富的层次感。

马赛克应用案例解析

陶瓷马赛克

设计说明 将不规则造型的陶瓷马赛克和白色涂料做不规则组合，作为墙面的主要材料，搭配鹅卵石材质的地面，塑造出粗犷、自然的极具乡村风情的卫浴空间。

贝壳马赛克

设计说明 用不同色彩的贝壳马赛克作为主料，组合成了一幅抽象花朵图案的装饰画，用在卫生间内做主题墙，为原本素雅的卫浴间增添了低调的奢华感和艺术感。

04

第四章

装饰漆类

漆类材料可以说是家居空间内使用频率最高的一种材料，无论是经济型装修还是华美型装修都能看到装饰漆的身影。室内装饰漆不仅包括人们涂刷顶面和墙面的乳胶漆和涂料，还包括涂刷木质材料的木器漆等，作用广泛。而近年来，还逐渐出现了不同种类的环保涂料，如硅藻泥、灰泥涂料等，正在慢慢地代替乳胶漆的地位，被越来越广泛地使用在室内空间中。了解不同漆类的特点、适用部位，才能发挥它们最大的功效来美化室内环境。

乳胶漆

防霉抗菌，可自行 DIY

乳胶漆是乳胶涂料的俗称，是以丙烯酸酯共聚乳液为代表的一大类合成树脂乳液涂料，它属于水分散性涂料，是以合成树脂乳液为基料，填料经过研磨分散后加入各种助剂精制而成的涂料，具备了与传统墙面涂料不同的众多优点，易于涂刷、干燥迅速、漆膜耐水、耐擦洗性好、抗菌等。乳胶漆可以根据自身喜好和家居整体风格来调整颜色，且无污染、无毒，是最常见的装饰漆之一。

乳胶漆种类速查表

名称	特点	参考价格(桶)	适用部位
水溶性乳胶漆	◎ 以水作为分散介质，无污染、无毒、无味 ◎ 色彩柔和 ◎ 易于涂刷、干燥迅速 ◎ 漆膜耐水、耐擦洗性好	150~500元	√ 墙面 √ 顶面
溶剂型内墙乳胶漆	◎ 是一种挥发性涂料，高温容易起火 ◎ 低温施工时性能好于水溶性乳胶漆 ◎ 耐候性、耐水性、耐酸碱、耐污染性佳 ◎ 有较好的厚度、光泽度 ◎ 潮湿的基层施工易起皮起泡、脱落	300~600元	√ 墙面 √ 顶面
通用型乳胶漆	◎ 目前占市场份额最大的一种 ◎ 具有代表性的是丝绸漆，手感光滑、细腻、舒适 ◎ 对基底的平整度和施工水平要求较高	150~500元	√ 墙面 √ 顶面
抗污乳胶漆	◎ 具有一定抗污功能 ◎ 水溶性污渍能轻易擦掉 ◎ 油渍可以借助清洁剂去除 ◎ 化学物质则不能完全清除	350~1200元	√ 墙面 √ 顶面
抗菌乳胶漆	◎ 具有抗菌功效，对常见细菌均有杀灭和抑制作用 ◎ 涂层细腻丰满 ◎ 耐水、耐霉、耐候性均佳	400~2000元	√ 墙面 √ 顶面

乳胶漆的应用技巧

给家点“颜色”，拒绝一片惨白

很多人选择墙漆的时候，都是以白色为首选，往往会让家中一片惨白，实际上只需要做小小的改动，选择一款彩色乳胶漆，就可以让家里生动起来。当然，并不是完全不使用白色，而是有主次地将彩色与白色结合起来，用在恰当的部位上，往往会获得赏心悦目的效果。

需要注意的是，色彩过于热烈的彩色墙漆不适宜大面积地在家居中使用，容易让人感觉过于刺激。

^ 卧室墙面选择柔和的绿色乳胶漆，搭配黄色和白色组成的家具，具有春天般舒畅的感觉。

自行 DIY，应学会计算用量

乳胶漆是非常适合 DIY 的材料，如果比较有涂刷经验，可以完全不用请师傅来操作。然而，想要 DIY 操作，计算用量是非常关键的。如果计算得不准确，很可能会造成材料的浪费。另外，彩色漆每次调和的色彩都不一样，还会造成色差。

每升漆约可涂刷 8 平方米，简单的计算方法：1. 地面面积×3.8= 墙面 + 天花板需要涂刷的总面积；2. 地面面积 ×2.8= 墙面所需涂刷的总面积。

^ 彩色漆的用量计算是非常关键的，可以避免色差的产生，保证其装饰效果。

乳胶漆应用案例解析

水溶性乳胶漆

设计说明 人们在卧室内的时间比较长，使用水溶性乳胶漆，更安全、环保，能够保证人体的健康。而选择黄色装饰墙面，搭配蓝色和白色组合的床品，则表现出了地中海风格自由、奔放的特点。

抗菌乳胶漆

设计说明 餐厅是用餐的空间，选择抗菌乳胶漆可以去除一些常见的细菌，避免滋生细菌而提高饮食的健康性。选择青色涂刷整体墙面，塑造出了高雅、清新的整体感，而搭配一幅色彩活跃的装饰画，则避免了因色彩冷清而影响人们的食欲。

环保涂料

天然环保，可做造型及纹理

环保涂料指施工过程中无污染，对人体无害，甚至有益于人体健康的涂料，它主要指 VOC 含量低甚至为零的涂料。现在的人们越来越注重环保与健康，所以它的种类越来越多，深受人们的喜爱。环保涂料与传统涂料的区别除了前者完全无害外，涂刷效果也更具艺术感和个性，非常适合用来做背景墙，赋予家居以个性。

环保涂料种类速查表

名称	特点	参考价格（平方米）	适用部位	图片
硅藻泥	◎ 原料为海底生成的无机化石 ◎ 天然、健康、环保，安全 ◎ 表面有天然孔隙，可吸、放湿气，调节室内湿度 ◎ 能过滤空气内的有害物，净化空气 ◎ 具有石材特性，可防火 ◎ 肌理制作对工艺要求较高 ◎ 硬度较低，容易磨损	270~550 元	√ 墙面 √ 背景墙 √ 顶面	
墙衣	◎ 是由木质纤维和天然纤维制作而成 ◎ 能够充分去除材料中的有害物质，保护人体健康安全 ◎ 款式多，伸缩性和透气性佳 ◎ 施工修补方便 ◎ 可以调节室内湿度 ◎ 为水溶性材质，清理较麻烦	17~50 元	√ 墙面 √ 背景墙 √ 顶面	

名称	特点	参考价格（平方米）	适用部位	图片
艺术涂料	◎ 原料为天然石灰和自然植物纤维，不含甲醛 ◎ 具有“斑驳感”，表面带有凹凸纹路 ◎ 色彩深浅不一，有自然的质感 ◎ 无接缝，可反复擦洗 ◎ 可自行涂刷 ◎ 不怕潮湿，阻燃	200~380 元	√ 墙面 √ 背景墙 √ 顶面	
蛋白胶涂料	◎ 成分为白垩土和大理石粉等天然粉料 ◎ 以蛋白胶为黏着剂 ◎ 可自然分解，无毒无味 ◎ 加水调和，即可涂刷 ◎ 便于自行涂刷，喷水即可刮除 ◎ 具有高透气性，不易返潮	15~35 元	√ 墙面 √ 顶面	
仿岩涂料	◎ 成分为花岗岩粉末和亚克力树脂 ◎ 表面有颗粒，类似天然石材 ◎ 不易因光线照射而变色 ◎ 花色较少，更适合简约风及现代风	40~60 元	√ 墙面 √ 背景墙	
灰泥涂料	◎ 原料为石灰岩和矿物质 ◎ 无挥发物质，具有高透气性 ◎ 本身偏碱性，有防霉抗菌的功效 ◎ 带有细孔，可以平衡湿气 ◎ 款式较少，均为粉色调效果 ◎ 可以自行涂刷 ◎ 可直接涂刷于水泥面层，无需批土	17~25 元	√ 墙面 √ 顶面 √ 卫浴间	
甲壳素涂料	◎ 水性环保涂料，主要成分为蟹壳和虾壳 ◎ 涂刷后表面为颗粒状 ◎ 可吸附室内甲醛，并将其分解 ◎ 具有抗菌、防霉的作用 ◎ 可吸附臭味 ◎ 非长效，2~3 年需要重新涂刷一次	20~27 元	√ 墙面 √ 家具	
液体壁纸	◎ 黏合剂为无毒、无害的有机胶体 ◎ 具有良好的防潮、抗菌性能 ◎ 不易生虫、不易老化 ◎ 光泽度好，款式多样 ◎ 易清洗，不开裂 ◎ 无法自行操作，施工难度较大	60~200 元	√ 墙面 √ 背景墙	

环保涂料的应用技巧

根据使用部位选择环保涂料

在使用环保涂料时，可以根据使用部位来决定款式。例如硅藻泥，它的硬度低，适合用在主卧室或者儿童房内，而在公共区仅适合做背景墙；抗菌性能高的灰泥涂料及防水的艺术涂料，除了用做背景墙外，还可用在卫浴间内涂刷墙面。

需要注意的是，环保涂料无化学黏合剂，防水不好的，一定不能用在潮湿区域内。

^ 硅藻泥用在公共区时，最适合做背景墙，既个性又环保，还可以避免磕碰和摩擦。

环保涂料的鉴别与选购

① 看检测报告和外包装

购买前应查看该品牌的生产企业是否具有有效的权威机构出具的检测报告。而后查看包装袋，是否清楚标明产品名称、制造厂名、商标、批号、规格型号、执行标准号、产品净质量、生产日期、有效期、产品使用方法和防潮标记等信息。

② 看涂刷样板

环保涂料都是粉状物，很难辨别质量，可以查看涂刷的样板。优质涂料肌理应柔和、质感强，摸起来手感细腻、柔软，有弹性，无反光，色泽柔和。

环保涂料应用案例解析

艺术涂料

设计说明 本案设计师选择用灰色的艺术涂料大面积地涂刷公共区的墙面。比起乳胶漆，艺术涂料带有肌理的质感更个性、独特，为现代风格的空间增添了更丰富的细节美。

硅藻泥

设计说明 在卧室内使用硅藻泥涂刷整个床头墙，可以调节室内的湿度，并吸收有害物。而选择棕色系的硅藻泥，并做出斑驳的纹理，搭配黄色木床和地板，具有自然感的田园风情。

木器漆

除了美观，环保性更重要

木器漆是指用于木制品上的一类树脂漆，有硝基漆、聚酯漆、聚氨酯漆等，可分为水性和油性。按光泽可分为高光、半雅光、雅光。按用途可分为家具漆、地板漆等。颜色上有清漆、白色漆和彩色漆之分。它可以让木质材料表面更加地光滑，也防止户主被木质材料刮伤，还可以对家具形成一层保护膜，防止家具干裂。

木器漆种类速查表

名称	分类	特点	适用部位
硝基漆	▲ 高光 ▲ 半哑光 ▲ 哑光	◎ 挥发性油漆，相对环保性较差 ◎ 干燥快，施工方便，施工环境要求低 ◎ 效果好，硬度高，光泽度佳，易修补 ◎ 易老化，耐久性不佳，高湿天气易泛白	√ 小面积木饰面
聚氨酯漆	▲ 单组分聚氨酯漆 ▲ 双组分聚氨酯漆	◎ 施工效率高，成本低 ◎ 漆膜丰满度高，光泽度、透明度好 ◎ 防水，耐腐蚀，坚硬耐磨 ◎ 施工环境要求高，不易修补，干燥慢 ◎ 遇潮起泡，漆膜粉化 ◎ 漆膜易变黄	√ 木饰面 √ 家具 √ 地板 √ 金属表面
水性木器漆	▲ 聚氨酯水性漆 ▲ 合成水性漆 ▲ 丙烯酸水性漆	◎ 水溶性漆，不含有害溶剂，不含游离 TDI ◎ 施工简单方便 ◎ 不易出现气泡、颗粒 ◎ 不变黄，不易燃烧，耐高温 ◎ 需高温施工，硬度不高，容易出现划痕	√ 木饰面 √ 家具 √ 地板
纳米木器漆	无	◎ 施工方便 ◎ 环保 ◎ 透明度高 ◎ 耐氧化 ◎ 目前市场占有率较低	√ 木饰面 √ 家具

木器漆的应用技巧

想要效果好，保养很关键

涂刷后七天内是木器漆的养护期。想要装饰效果好，养护期内养护好的各项性能才能达到相对稳定。其中，最重要的是要保持室内空气的流动性和温度的适中性，这样可以保证木器家具表面的漆膜达到正常的硬度。

需要注意的是，漆膜怕高温烘烤以及化学试剂，应远离这些伤害，才能历久弥新。

< 若木工活较多，涂刷木器漆后，一定要注意养护期内的养护，才能让漆膜固化得比较好。

油性和水性结合更环保

除了水性木器漆和纳米木器漆外，其他几种都属于油性木器漆。从环保角度来说，前两种污染物少，但是比起油性木器漆来说，硬度和装饰效果要差一些。对于木工多的家庭来说，可以在面层使用油性木器漆，提高耐磨度及美观性，内部使用水性漆，污染物会更少一些。

需要注意的是，环保涂料无化学黏合剂，防水不好的，一定不能用在潮湿区域内。

∨ 经常使用的柜子，面层使用油性漆，内部使用水性漆，既美观、耐用，又可以减少有害物。

木器漆应用案例解析

聚氨酯木器漆

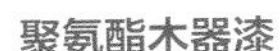

设计说明 木器漆不止可以涂刷家具，还可以涂刷木饰面的墙面。在公共区使用木饰面背景墙，由于摩擦、日晒的概率较高，选择比较耐磨的聚氨酯木器漆，更适合环境需求。

水性木器漆

设计说明 卧室属于私密空间，活动人数固定，且人们使用的时间较长，选择水性木器漆涂刷床及床头柜等家具，是非常合适的选择。

05

第五章

裱糊壁材

裱糊壁材是指需要用胶粘贴施工的墙面装饰材料。室内常用的裱糊壁材包括墙纸和墙布，其中，前者因为容易打理、花色众多而成为了室内装修中非常重要的一种装饰壁材。墙纸和墙布的种类较多，不同材质、不同花纹的款式适合的家居风格和部位也是有区别的，根据家居风格来选择具有代表性的色彩和花纹，最容易获得协调、统一的装饰效果。

墙纸

花色丰富，施工简单

墙纸也是非常常见的家居墙面装饰材料，它施工简单，材质本身健康环保，无毒无害，图案、色彩丰富，设计师可以根据各种家居设计风格，选择相应的色调、材质等。值得一说的是，墙纸一般过三年需要再重新更换一次，且不适合用于厨房。这是它与乳胶漆相比，略微逊色的地方。

墙纸种类速查表

名称	特点	价格区间（平方米）	适用空间	图片
PVC墙纸	◎ 原料为PVC ◎ 吸水率低，有一定的防水性 ◎ 表面有一层珠光油，不容易变色 ◎ 经久耐用 ◎ 透气性不佳，湿润环境中对墙面损害较大	30~80元	√ 客厅 √ 餐厅 √ 厨房 √ 卫生间	
无纺布墙纸	◎ 健康环保，不助燃 ◎ 不易被氧化，发黄 ◎ 透气性好 ◎ 属于高档墙纸 ◎ 花色相对来说较单一，而且色调较浅	95~400元	√ 客厅 √ 卧室	
纯纸墙纸	◎ 全部用纸浆制成的壁纸 ◎ 防潮、防紫外线，透气性好 ◎ 低碳环保，图案清晰 ◎ 施工时技术难度高，容易产生明显接缝 ◎ 耐水、耐擦洗性能差，花纹立体感不强	110~380元	√ 卧室 √ 书房	

名称	特点	价格区间（平方米）	适用空间	图片
织物类墙纸	◎ 以丝绸、麻、棉等编织物为原材料 ◎ 物理性能稳定，湿水后颜色基本无变化 ◎ 质感好，透气性好 ◎ 易潮湿发霉 ◎ 价格高	210~600 元	√ 墙面 √ 背景墙	
木纤维墙纸	◎ 主要原料都是木浆聚酯合成的纸浆 ◎ 绿色环保，透气性高 ◎ 有相当卓越的抗拉伸、抗扯裂强度，是普通壁纸的 8~10 倍 ◎ 易清洗 ◎ 使用寿命长	150~420 元	√ 客厅 √ 餐厅 √ 卧室 √ 书房	
金属墙纸	◎ 给人繁复典雅、高贵华丽的视觉感受 ◎ 通常为了特殊效果小部分使用 ◎ 线条颇为粗犷奔放	200~500 元	√ 客厅 √ 餐厅	
植绒墙纸	◎ 底纸是无纺纸、玻纤布，绒毛为尼龙毛和粘胶毛 ◎ 立体感比其他任何壁纸都要出色 ◎ 有明显的丝绒质感和手感 ◎ 不反光，具吸音性 ◎ 无异味，不易褪色 ◎ 不易打理，需精心保养	180~490 元	√ 客厅 √ 餐厅	
编织墙纸	◎ 以草、麻、木、竹、藤、纸绳等十几种天然材料为主要原料 ◎ 由手工编织而成的高档墙纸 ◎ 透气、静音，无污染 ◎ 具有天然感和质朴感 ◎ 不适合潮湿的环境	85~270 元	√ 卧室 √ 书房	
壁贴	◎ 设计和制作好现成图案的不干胶贴纸 ◎ 面积小，可贴在墙漆、柜子或瓷砖上 ◎ 装饰效果强，独具个性 ◎ 价格差异大 ◎ 图案丰富	40~95 元	√ 客厅 √ 餐厅 √ 卧室 √ 书房	

墙纸的应用技巧

墙纸可选择风格代表图案

墙纸除了根据使用部位及价位选择品种外，图案的选择也是非常重要的，它影响着壁纸铺贴后的美观性。而墙纸的图案有成千上万种，难免让人眼花缭乱，若从家居风格入手选择，会更轻松一些。选择每种风格的代表性图案，无论是用在背景墙还是整体铺贴，都会让家居装饰主题更突出。

< 田园风格的卧室内，选择花草图案的壁纸，不仅符合风格的特征，也使田园韵味更加显著。

∨ 白底粉色小花款式的壁纸，搭配同色系家具，具有浓郁的甜美感，使人一看便知这是一个性格甜美、温柔的女性的卧室。

从居住者个性出发选择墙纸的色彩

家居装饰之所以有千万种姿态，是因为居住者的不同而决定的。不同职业、不同性别和不同年龄的居住者喜好是不同的。反过来说，能够体现居住者特点的家庭装饰，才能够让其有归属感，也才能够让别人感受到与其相符的气质。所以在选择家居空间的壁纸时，特别是私密性的空间，例如卧室内，挑选与居住者性别、年龄和个性相符的色彩，更容易取得让其感觉舒适、满意的装饰效果。

根据墙面面积选择合适的花型墙纸

墙纸与墙漆的最大区别就是它的图案种类非常繁多，这也是墙纸深受人们喜爱的原因之一。常见的壁纸花纹有大花、小花、碎花、条纹等多种，不同的图案对居室的效果存在不同的影响。例如，大花能够让墙面看起来比实际要小一些；反之，花纹越小，越能够扩大墙面的面积；而条纹壁纸则具有延伸作用，可拉伸高度或宽度。在选择墙纸时，如果房间的布局有缺陷，就可以利用花型来做调整。

< 客厅采光较好，但面积并不大，在墙面使用灰色暗纹壁纸，既具有高档感，又不会因为花纹太大而缩小墙面面积。

墙纸的鉴别与选购

① 通过气味判断质量

在选购时，可以简单地用鼻子闻一下，如果刺激性气味较重，证明含甲醛、氯乙烯等挥发性物质较多。还可以将小块墙纸浸泡在水中，一段时间后，闻一下是否有刺激性气味挥发。

② 检查外观

看墙纸表面有无色差、死褶与气泡，最重要的是必须看清壁纸的对花是否准确，有无重印或者漏印的情况。此外，还可以用手感觉墙纸的厚度是否一致。

墙纸应用案例解析

无纺布墙纸

设计说明 地中海风格的客厅内，选择了一款无纺布材质的蓝白条纹墙纸搭配圆弧形的墙面造型，具有典型的地中海特点，为空间增添了如海风般清新的感觉。

纯纸墙纸

设计说明 虽然壁纸的色彩和图案组合起来非常活泼，但却并不让人感觉凌乱，原因是它的色彩组合都能够在房间内找到，例如白色对应顶面，红色对应布艺，而蓝色则呼应墙面。而色块形式的花色用纯纸材质体现出来，感觉更清晰，凸显档次感。

木纤维墙纸

设计说明 梅、兰、竹、菊都属于中式的代表性图案，用竹子图案的壁纸搭配改良式的中式吊灯，烘托出了古雅的餐厅氛围。壁纸选择木纤维材质比较结实，非常适合餐厅的使用需求。

织物类墙纸

设计说明 新中式风格的卧室内，选择了织物类墙纸中的丝绸墙纸，色彩淡雅，图案具有中式神韵，且丝绸也是中式风格的代表材质，用在这里不仅符合风格底蕴，也能够彰显品位。

墙布

高雅装饰感，打理需精心

墙布也叫“壁布”，以棉布为底布，在底布上进行印花、轧纹浮雕处理或大提花制成不同的图案，所用纹样多为几何图形和花卉图案。墙布没有墙纸的使用范围广泛，它的使用限制较多，不适合潮湿的空间，保养起来没有壁纸方便，但效果自然，更精致，更高雅。

墙布种类速查表

名称	特点	价格区间（平方米）	适用空间	图片
无纺墙布	◎ 色彩鲜艳、表面光洁、有弹性、挺括 ◎ 有一定的透气性和防潮性 ◎ 可擦洗而不褪色 ◎ 不易折断，材料不易老化，无刺激性	280~670 元	√ 客厅 √ 餐厅 √ 卧室 √ 书房	
锦缎墙布	◎ 花纹艳丽多彩，质感光滑细腻 ◎ 价格昂贵 ◎ 不耐潮湿，不耐擦洗 ◎ 透气，吸音	400~800 元	√ 卧室	
刺绣墙布	◎ 在无纺布底层上，用刺绣将图案呈现出来的一种墙布 ◎ 具有艺术感，非常精美 ◎ 装饰效果好	350~750 元	√ 客厅 √ 卧室 √ 书房	

名称	特点	价格区间（平方米）	适用空间	图片
纯棉墙布	◎ 以纯棉布经过处理、印花、涂层制作成 ◎ 表面容易起毛，且不能擦洗 ◎ 不适用于潮气较大的环境，容易起鼓 ◎ 强度大、静电小，透气、吸声	100~400 元	√ 卧室 √ 书房	
化纤墙布	◎ 以化纤布为基布，经树脂整理后印制花纹图案 ◎ 新颖美观，无毒无味 ◎ 透气性好，不易褪色 ◎ 不耐擦洗	120~900 元	√ 客厅 √ 餐厅 √ 卧室 √ 书房	
玻璃纤维墙布	◎ 以中碱玻璃纤维布为基材，表面为耐磨树脂 ◎ 花色品种多，色彩鲜艳 ◎ 不易褪色，防火性能好 ◎ 耐潮性强，可擦洗 ◎ 易断裂老化	160~500 元	√ 客厅 √ 餐厅 √ 卧室 √ 书房	
编织墙布	◎ 天然纤维编织而成，主要有草织、麻织等 ◎ 自然类材料制成，颇具质朴特性 ◎ 麻织壁布质感朴拙，表面多不染色而呈现本来面貌 ◎ 草编多作染色处理	220~460 元	√ 卧室 √ 书房	
亚克力墙布	◎ 以亚克力纱纤维为原料制作的墙布 ◎ 质感有如地毯，但厚度较薄 ◎ 质感柔和，以单一素色最多 ◎ 素色适合大面积使用	95~320 元	√ 客厅 √ 餐厅 √ 卧室 √ 书房	
丝绸墙布	◎ 丝质纤维做成的壁布 ◎ 质料细致、美观 ◎ 光泽独特，具有高贵感 ◎ 透气性好 ◎ 不耐潮湿，潮湿易发霉	350~850 元	√ 卧室 √ 书房	
植绒墙布	◎ 是将短纤维植入底布中，产生绒布的效果 ◎ 花纹具有立体感 ◎ 此类墙布质感极佳，非常适合华丽风格的家居 ◎ 容易落灰，需要勤打理	220~700 元	√ 卧室 √ 书房	

墙布的应用技巧

无缝墙布粘贴效果更佳

一般的墙布如墙纸一般是有宽度限制的，粘贴时就会存在缝隙，而翘起、开裂等问题也会从缝隙开始发生。现在市面上出现了无缝墙布，它是根据室内墙面的高度设计的，一般幅宽在 2.7~3.10 米，一般高度的墙面只需要一块就可以粘贴，无需对花、对缝，更美观。

需要注意的是，房间高度超出 3.1 米，不适合选择无缝墙布，因为幅面大，不好对缝。

^ 当用墙布作为背景墙主材时，选择无缝的款式会更美观，且不容易变形、翘曲。

墙布的鉴别与选购

① 选大品牌

建议选择比较有知名度的品牌，不仅品质有保证，售后服务也有保障。

② 看表面

好的墙布表面不存在明显的色差、皱褶和气泡，图案应清晰，色彩均匀。

③ 用手触摸

可以用手触摸墙布感受质量，尤其是丝绸类的墙布，手感应光滑、细腻，不粗糙，底层的薄厚应一致。

墙布应用案例解析

无纺墙布

设计说明 无纺墙布属于墙布中比较耐擦洗且不易老化的种类，很适合用在客厅内。选择一款浅褐色的欧式暗纹无纺墙布，搭配护墙板和简欧风格家具，使客厅显得高贵、典雅。

纯棉墙布

设计说明 纯棉墙布透气、吸音，用在卧室墙面上非常合适。选择一款深灰色的墙布搭配硬包造型，作为卧室的床头墙，组合无色系家具和木质地板，时尚而又不乏温馨感。

06

第六章

玻璃材料

玻璃的早期产品属于一种建筑材料，用于门、窗以及幕墙的制作，随着制造水平的不断发展，逐渐演化出了很多的装饰用种类，不再仅仅是透明的，而是出现了很多彩色甚至带有图案的款式。它是一种非常现代的材料，种类繁多，具有时尚感和超凡的装饰效果，不仅是装饰材料，同时也是艺术品，且非常容易打理，能够为家居空间带来时尚而高雅的韵味。

壁面玻璃

延伸并巧妙放大空间

壁面玻璃常见的包括各种颜色的镜面、钢化玻璃和烤漆玻璃，它们都可以用来装饰墙面，其中还有的可用来制作门窗、隔断。用做墙面装饰时，可以延伸空间感，使空间看起来更宽敞，也可用来隐藏梁、柱。各种色彩的壁面玻璃可以搭配不同的其他材料，营造不同的家居氛围。壁面玻璃不单单是单调的银色或透明色，其颜色种类丰富，可以根据不同的家居风格选择壁面玻璃的颜色。

壁面玻璃种类速查表

名称	特点	参考价格（平方米）	适用部位	图片
灰镜	◎ 适合搭配金属材料结合使用 ◎ 可以大面积使用 ◎ 具有冷冽、都市的感觉	260 元左右	√ 墙面 √ 柱面	
茶镜	◎ 具有温暖、复古的感觉 ◎ 色泽柔和、高雅 ◎ 适合搭配木纹饰面板进行装修	280 元左右	√ 墙面 √ 柱面	
黑镜	◎ 黑镜非常个性，色泽神秘、冷硬 ◎ 不建议单独大面积使用，可搭配其他材质	280 元左右	√ 墙面 √ 柱面	

名称	特点	参考价格（平方米）	适用部位	图片
彩镜	◎ 彩镜的色彩多 ◎ 包括红镜、紫镜、酒红镜、蓝镜、金镜等 ◎ 反射弱，可做点缀，局部使用	280 元左右	√ 墙面 √ 柱面	
超白镜	◎ 白色镜面，高反射度 ◎ 能从视觉上扩大空间，彰显宽敞、明亮的感觉 ◎ 不会改变反射物品的原始色调	280 元左右	√ 墙面 √ 柱面 √ 家具门	
烤漆玻璃	◎ 工艺手法多样，包括喷涂、滚涂、丝网印刷或者淋涂等 ◎ 耐水性、耐酸碱性强 ◎ 使用环保涂料制作，环保、安全 ◎ 抗紫外线、抗颜色老化性强 ◎ 色彩的选择性强 ◎ 耐污性强，易清洗	300 元左右	√ 墙面 √ 柱面 √ 家具门 √ 家具面	
钢化玻璃	◎ 属于安全玻璃的一种 ◎ 破损后不会有尖锐的尖角，直接碎成小颗粒 ◎ 强度高，同等厚度抗冲击强度是普通玻璃的 3~5 倍 ◎ 具有良好的热稳定性，能承受的温差是普通玻璃的 3 倍	130 元起	√ 推拉门 √ 隔断	
玻璃砖	◎ 分空心和实心两种 ◎ 体积小、重量轻，施工方便 ◎ 经济、美观、实用 ◎ 透光、隔热、节能	400 元起	√ 墙面 √ 隔断 √ 屏风	

壁面玻璃的应用技巧

扩大空间的重要元素

镜面可以反射影像，模糊空间的虚实界限，所以常常被用来扩大空间感。在家居空间中，客厅、餐厅可以大面积地使用壁面镜。特别是一些光线不足、房间低矮或者梁柱较多无法砸除的户型，使用一些壁面玻璃，可以加强视觉的纵深感，制造宽敞的效果。需要注意的是，壁面玻璃的色彩选择，宜结合家居风格来进行。

< 自然光不足的区域，适当地使用一些壁面玻璃，即使是茶镜，也能够扩大空间的纵深。

局部使用效果更好

运用镜面虽然可以扩大空间感，但并不是使用得越多越好，如一面墙整体墙面只使用镜面材料，或者相对的两面墙都使用镜面，会产生太多的影像，使人感觉错乱而产生压迫感。所以，与其他材料结合，做点缀使用，或者大面积的使用时加一些造型，就不会显得过于夸张。

^ 背景墙两侧对称式地使用一些玻璃，搭配石膏板造型，美观又不会让人觉得过于夸张。

壁面玻璃应用案例解析

超白镜

设计说明 简欧风格的餐厅内，墙面使用一些印花的超白镜，不仅增添了低调的奢华感，同时还具有扩大空间感的作用，夜晚搭配灯光折射，更显明亮、宽敞。

茶镜

设计说明 茶镜非常适合搭配浅色的木纹使用，既现代，又不失温馨感。镜面以条状放在木饰面的中间部分，比起大面积的使用，更具节奏感。

艺术玻璃

艺术性强，适合小面积点缀

艺术玻璃是以玻璃为载体，加上一些工艺美术手法，使现实、情感和理想得到再现，再结合想象力，实现审美主体和审美客体的相互对象化的一种装饰材料。常用到的雕刻玻璃、夹层玻璃、压花玻璃等都属于艺术玻璃的范畴。它款式多样，大部分都可以定制，能够充分满足不同部位的装饰需求，具有其他材料没有的多变性。艺术玻璃装饰效果很强，应用的空间很广泛，不仅是一种装饰材料，还是一种艺术品。

艺术玻璃种类速查表

名称	特点	参考价格（平方米）	适用部位	图片
压花玻璃	◎ 又称花纹玻璃和滚花玻璃 ◎ 表面有花纹图案 ◎ 透光不透明 ◎ 具有良好的装饰效果 ◎ 花纹种类丰富	200~300 元	√ 门、窗 √ 隔断	
雕刻玻璃	◎ 在玻璃上雕刻各种图案和文字，最深可以雕入玻璃 1/2 ◎ 立体感较强，可以做成通透的和不透的 ◎ 价格较高 ◎ 工艺精湛	180~340 元	√ 隔断 √ 墙面	
彩绘玻璃	◎ 用特殊颜料直接着墨于玻璃上，或者在玻璃上喷雕成各种图案再加上色彩制成的 ◎ 可逼真地对原画复制 ◎ 画膜附着力强，可反复擦洗 ◎ 可将绘画、色彩、灯光融于一体	280~420 元	√ 部分墙面 √ 门窗 √ 隔断	

名称	特点	参考价格（平方米）	适用部位	图片
冰花玻璃	◎ 具有自然的冰花纹理 ◎ 对通过的光线有漫射作用，透光不透影 ◎ 给人以清新之感 ◎ 除以无色平板玻璃为底外，还可选彩色玻璃	160~290 元	√ 门窗 √ 隔断 √ 屏风	
砂雕玻璃	◎ 是各类装饰艺术玻璃的基础 ◎ 艺术感染力最强 ◎ 立体、生动 ◎ 应用前景广泛	120~240 元	√ 门窗 √ 隔断 √ 屏风	
水珠玻璃	◎ 又叫肌理玻璃 ◎ 使用周期长 ◎ 装饰效果极佳 ◎ 高雅，可登大雅之堂	120~260 元	√ 门窗 √ 隔断 √ 屏风	
镶嵌玻璃	◎ 利用各种金属嵌条将各种玻璃固定，经过一系列工艺制造成的高档艺术玻璃 ◎ 艺术感强 ◎ 可以将彩色图案的玻璃、雾面朦胧的玻璃、清晰剔透的玻璃任意组合，再用金属丝条加以分隔 ◎ 能突出家居空间的层次感	180~320 元	√ 墙面 √ 台面 √ 背景墙 √ 壁炉	
夹层玻璃	◎ 在两片或多片平板玻璃之间，嵌夹塑料薄片或丝制成的 ◎ 安全性好 ◎ 抗冲击性能好 ◎ 耐光、耐热、耐湿、耐寒、隔音	85~300 元	√ 门窗 √ 隔断	
琉璃玻璃	◎ 是将玻璃烧熔，加入各种颜色，在模具中冷却成型制成的 ◎ 面积都很小，价格较贵 ◎ 色彩鲜艳，装饰效果强 ◎ 造型别具一格 ◎ 图案丰富亮丽，纹理灵活变幻	210~350 元	√ 拉门 √ 屏风 √ 墙面	

艺术玻璃的应用技巧

具有特点的可做背景墙使用

通常，艺术玻璃都是被运用在门、窗以及隔断上的，但有一些具有完整画面的艺术玻璃，还可以用在背景墙上。例如彩绘玻璃，它可以完全复制一幅画，将其用玻璃呈现出来，搭配灯光后更为华美。除此之外，镶嵌玻璃和琉璃玻璃也可搭配造型，用在背景墙上。

需要注意的是，没有画面感的艺术玻璃，就不适合用在墙面上，会显得单调。

^ 完整画面的艺术玻璃，可以覆盖整个墙面或墙面上半部分，作为背景墙使用。

艺术玻璃的鉴别与选购

① 检测透光性

艺术玻璃很难用普通玻璃的方式来鉴别，但大部分都是透光不透影的，可以在 1 米左右远的地方来检测其透光性。

② 查看其平整度

通过看玻璃的平整度也能鉴别质量问题。虽然艺术玻璃经过了一系列加工，表面可能不平整，但将玻璃平放后，从侧面观察，如果有明显的翘曲、不平直，说明质量不佳。

艺术玻璃应用案例解析

雕刻玻璃

设计说明 卫浴间的门上使用部分雕刻玻璃，非常具有艺术感。它可以透光不透影，为卫浴间增加光线的摄入。

彩绘玻璃

设计说明 沙发背景墙用白色石膏板和黑色底花朵图案的彩绘玻璃相组合，比起装饰画，彩绘玻璃的图案更具立体感，还能够反射部分光线，更时尚。

07

第七章

装饰地板

地板最开始只有实木这一个种类，由于其使用的限制性较多，价格较高，只有一些精品装修中才能见到它的身影。而随着人们生活需求的不断提高，装饰地板出现了越来越多的品种，不仅有复合实木地板、强化地板，还有软木地板等。其中有的耐磨性能和打理方式甚至可以与地砖媲美，使它在家居装修中运用的比例越来越大。其质感温润、脚感舒适，比起冷硬的瓷砖和大理石来说，地板更温馨，非常适合有老人和小孩的家庭。

实木地板

需要精心养护，有利于健康

实木地板是天然木材经烘干、加工后形成的地面装饰材料。它呈现出的天然原木纹理和色彩图案，给人以自然、柔和、富有亲和力的质感，同时冬暖夏凉、触感好。不同的木质具有不同的特点，有的偏软、有的偏硬，选择实木地板的时候可以根据生活习惯选择木种。

实木地板种类速查表

名称	特点	参考价格（平方米）	图片
桦木	◎ 表面光滑，纹路清晰 ◎ 富有弹性 ◎ 吸湿性大，易开裂 ◎ 物美价廉，易加工	170~370 元	
水曲柳	◎ 加工性能良好 ◎ 适合干燥气候，受潮易老化 ◎ 抗震性能高 ◎ 价格昂贵	430 元左右	
橡木	◎ 纹理丰富美丽，花纹自然 ◎ 触摸表面有着良好的质感 ◎ 韧性极好，质地坚实 ◎ 结构牢固，使用年限长 ◎ 稳定性相对较好 ◎ 不易吸水，耐腐蚀，强度大	220~420 元	

名称	特点	参考价格（平方米）	图片
重蚁木	◎ 世上质地最密实的硬木之一 ◎ 抗腐蚀、抗变形 ◎ 纹理清晰，稳定性高	360 元左右	
榉木	◎ 纹理直，结构细且均匀 ◎ 不耐腐蚀，不抗蚁 ◎ 表面光滑 ◎ 易开裂变形	400 元左右	
榆木	◎ 纹理清晰，表面光滑 ◎ 易加工 ◎ 硬度适中 ◎ 干燥性差，易开裂	220 元左右	
圆盘豆	◎ 颜色比较深，分量重，密度大 ◎ 比较坚硬，抗击打能力很强 ◎ 在中档实木地板中稳定性能是比较好的 ◎ 脚感比较硬，不适合有老人或小孩的家庭使用 ◎ 使用寿命长，保养简单	600 元左右	
核桃木	◎ 不易开裂、变形 ◎ 价格偏高 ◎ 稳定性高 ◎ 抗压、抗弯能力一般	500 元左右	
枫木	◎ 纹理清晰好看 ◎ 适合现代简约的家居设计风格 ◎ 颜色较浅，不耐脏 ◎ 硬度适中，不耐磨	170~370 元	

名称	特点	参考价格（平方米）	图片
柚木	◎ 有“万木之王”的称呼 ◎ 耐酸碱，耐腐蚀 ◎ 抗虫，抗蚁 ◎ 纹理天然，不易变形 ◎ 稳定性高 ◎ 脚感舒适	270 元以上	
花梨木	◎ 结构致密，稳定性高 ◎ 经久耐用，强度好 ◎ 握钉力强 ◎ 耐腐蚀，抗蚁虫	320~450 元	
樱桃木	◎ 色泽高雅，时间越长，颜色、木纹会变得越深 ◎ 暖色赤红，可装潢出高贵感觉 ◎ 硬度低，强度中等，耐冲击、载荷 ◎ 稳定性好，耐久性高	800 元以上	
黑胡桃	◎ 呈浅黑褐色带紫色，色泽较暗 ◎ 结构均匀，稳定性好 ◎ 容易加工，强度大、结构细 ◎ 耐腐、耐磨，干缩性小	300~500 元	
桃花芯木	◎ 木质坚硬、轻巧，易加工 ◎ 色泽温润、大气 ◎ 木花纹绚丽、漂亮，变化丰富 ◎ 密度中等，稳定性高 ◎ 尺寸稳定，干缩率小，强度适中	900 元以上	

名称	特点	参考价格（平方米）	图片
小叶相思木	◎ 木材细腻、密度高 ◎ 呈黑褐色或巧克力色 ◎ 结构均匀，强度及抗冲击韧性好，耐腐 ◎ 具有独特的自然纹理，高贵典雅 ◎ 稳定性好，韧性强，耐腐蚀，缩水率小	400 元以上	
印茄木	◎ 结构略粗，纹理交错 ◎ 重硬坚韧，稳定性能佳 ◎ 花纹美观 ◎ 耐久，耐磨性能好	500 元以上	
白栓木（白蜡木）	◎ 深红色至淡红棕色 ◎ 纹理通直，细纹里有狭长的棕色髓 ◎ 有斑及微小的树囊 ◎ 结构细，密度较高 ◎ 防潮性差，硬度中等，耐冲击、载荷	160 元以上	
香脂木豆	◎ 颜色赤红到深红，具有尊贵感 ◎ 木材耐腐性能优等 ◎ 能抗菌、虫危害，抗蚂蚁性强 ◎ 非常适合南方虫蚁多的地区使用 ◎ 价格高，不好打理	300 元以上	
黑檀木	◎ 黑色夹有灰褐或浅红的浅色条纹 ◎ 有光泽，耐腐，无特殊气味 ◎ 耐磨，不变形，含油性高 ◎ 不易开裂，略有透明感 ◎ 纹理直，结构细而均匀 ◎ 强度极高，干缩率小	500 元以上	

实木地板的应用技巧

建议先选品种，再选花色

实木地板的原材料因为生长地区和气候的差别，具有不同的特点。在选择实木地板时，可以先根据地区气候情况选择恰当的木种，而后再选择颜色。例如花梨木以及柚木的硬度比较大；如果气候潮湿，宜从耐久度上考虑，樱桃木等耐久力强，且不需要做防腐处理。

需要注意的是，实木地板耐潮的品种在潮湿环境也容易变形，若餐厅距离厨房特别近，不建议使用实木地板。

^ 卧室内人流较少，非常适合使用实木地板，能够增加使用的舒适性。

尺寸选短不选长

实木地板规格选择原则为：宜窄不宜宽，宜短不宜长。原因是小规格的实木条更不容易变形、翘曲，同时价格上要低于宽板和长板，铺设时也更灵活，且现在大部分的居室面积都比较中等，小板块铺设后比例会更协调。

需要注意的是，如果是别墅等面积大的空间，就不适合选择小板块。

^ 窄而小板块的实木地板，在小面积的卧室中，感觉更协调。

可拼接铺贴

实木地板的耐磨性要比地砖差一些，但是脚感和环保性以及装饰性更佳，在客厅使用可以彰显品位，提高生活品质，而很多户型中餐厅和客厅都是开敞式的，此时可以进行拼接铺贴，在客厅使用实木地板，而过道和餐厅使用地砖。

需要注意的是，采用此种方式铺贴时，需要注意两侧的高差应一致。

< 客厅铺设实木地板，过道采用仿古砖，不仅地面层次更丰富，也充分满足了舒适性的需求。

实木地板的鉴别与选购

① 测量地板的含水率

国家标准规定木地板的含水率为 **8%~13%**。一般木地板的经销商应有含水率测定仪可供检测，购买时，先测展厅中选定的木地板含水率，然后再测未开包装的同材种、同规格的木地板的含水率，如果相差在 **±2%**，可认为合格。

② 检查基材的缺陷

先查是否同一树种，种类是否混乱，地板是否有死节、活节、开裂、腐朽、菌变等缺陷。实木木地板是天然木制品，存在一定色差和不均匀的现象，只要不是特别大，不属于质量问题。

实木地板应用案例解析

设计说明 桃花芯木地板属于高档地板的一种，硬度较高，用在客厅中非常合适。它的色彩较重，搭配灰色墙面和彩色沙发，活泼而时尚。

桃花芯木实木地板

设计说明 榉木实木地板色彩较浅，非常适合小户型使用，搭配北欧风格的家具，具有显著的北欧特征，简洁而具有淳朴感。

榉木实木地板

桦木实木地板

设计说明 桦木地板的色彩比较低调、质朴，用它来铺设地面直接作为地台使用，搭配实木顶面和柜体，使茶室具有浓郁的自然风情。

樱桃木实木地板

设计说明 客厅的顶面和墙面均采用白色系，显得有些素净，地面搭配红色的樱桃木实木地板，与白色形成了明快的对比，增添了一些活泼感和高贵感。

实木复合地板

具有实木纹理，更易打理

实木复合地板兼具了实木地板和强化复合地板的优点，既有实木地板的美观性，又有强化复合地板的稳定性，自然美观，脚感舒适；耐磨、耐热、耐冲击；阻燃、防霉、防蛀，隔音、保温，不易变形，铺设方便。实木复合地板的种类丰富，适合多种风格的家居使用。但它与实木地板一样，不适合厨房、卫生间等易沾水、潮湿的空间。

实木复合地板种类速查表

名称	特点	图片
三层实木复合地板	◎ 将三种不同种类的实木单板交错压制而成 ◎ 最上层为表板，为实木材料，保持纹理的清晰与优美 ◎ 中间层为芯板，常用杉木、松木等稳定性较高的实木单板 ◎ 下层为底板，以杨木和松木居多 ◎ 三层之间纹理走向为两竖一横，纵横交错，加强稳定性 ◎ 耐磨，防腐防潮，抗蚁虫 ◎ 铺设不需要龙骨，不需使用胶、钉等	
多层实木复合地板	◎ 分为两部分，最上层的表板和下面的基材 ◎ 每一层之间都是纵横交错结构，层与层之间互相牵制 ◎ 是实木类地板中稳定性最可靠的 ◎ 易护理，耐磨性强 ◎ 表层为稀有木材，纹理自然、大方 ◎ 稳定性强，冬暖夏凉 ◎ 防水，不易变形开裂 ◎ 铺设不需要龙骨，不需使用胶、钉等	

实木复合地板的应用技巧

小面积空间适合选择浅色系

如果家居空间的面积比较小，挑选实木复合地板的花色时，建议选择色彩浅淡一些的品种，浅色木系或浊色系均可，搭配白色或淡色系的墙面，能够让居室显得温馨而又宽敞，因地面的面积较大，若色彩过深，会显得沉闷。

需要注意的是，如果房间较矮，地板的色调不宜过于接近白色，否则会显得房高更矮。

< 浅褐色的地板搭配淡绿色的墙面，为居室增添了自然感，同时与白色顶面拉开了差距，拉伸了房高。

装饰墙面或顶面更个性

实木复合地板比实木地板更耐磨，且易打理，所以它不仅可以用在地面上，还可用来装饰顶面和墙面，来塑造个性化的居室。比起木纹饰面板来说，它具有较为规律的拼接缝隙，且无需刷漆，减少了材料的使用，更环保一些。

需要注意的是，除采光好的空间，顶面不适合使用色彩过深的实木复合地板。

v 空间虽然小但采光很好，设计师直接用实木复合地板将顶、墙、地连接起来，整体而个性。

卧室内与家具色彩呼应，更舒适

大部分家庭的卧室内都需要较平稳、舒适的环境。在选择实木复合地板时，若空间内有大面积的家具，可以挑选与其色系相同不同深浅或者是靠近色系的款式，这样做能够使整体氛围更内敛、平稳，同时一些微弱的色差还能避免单调感。

需要注意的是，如果家具色彩较重，地板可以加大一些色差，避免过于压抑。

∧ 实木复合地板与衣柜和床色彩呼应又具有色调上的变化，使卧室统一中又含有层次感。

实木复合地板的鉴别与选购

① 查验环保指标

使用脲醛树脂制作的实木复合地板，都存在一定的甲醛释放量，环保实木复合地板的甲醛释放量必须符合国家标准 GB 18580—2001 要求，即≤ 1.5mg/L。

② 面层厚度很重要

实木复合地板表层的厚度决定其使用寿命，表层板材越厚，耐磨损的时间就长。欧洲实木复合地板的表层厚度一般要求到 4 毫米以上。

③ 测试胶合性

实木复合地板的胶合性能是该产品的重要质量指标，直接影响使用功能和寿命。可将实木复合地板的小样品放在 70℃的热水中浸泡 2 小时，观察胶层是否开胶，如开胶，则不宜购买。

实木复合地板应用案例解析

多层实木复合地板

设计说明 用纹理粗犷的实木复合地板，搭配红砖文化石的沙发墙，塑造出了淳朴的基调，而后用美式和中式融合的家具加入进来，使客厅整体粗犷中不乏细腻感，实现了中、西两类风格的碰撞和融合。

三层实木复合地板

设计说明 实木复合地板的纹理最接近实木地板，但更易打理，使用浅棕色的实木复合地板搭配白色的砖墙电视墙和松木沙发墙，充分地渲染出了淳朴、自然的乡村韵味。

强化地板

耐磨性佳，铺装简单

强化地板俗称“金刚板”，也叫做复合木地板、强化木地板。一些企业出于不同的目的，往往会自己命名一些名字，例如超强木地板、钻石型木地板等，不管其名称多么复杂、多么不同，这些板材都属于强化地板。它不需要打蜡，日常护理简单，价格选择范围大，各阶层的消费者都可以找到适合的款式。但它的甲醛含量容易超标，选购时须仔细检测。

强化地板种类速查表

名称	特点	参考价格（平方米）	图片
水晶面强化地板	◎ 易清洗 ◎ 表面光滑，色泽均匀 ◎ 防潮防滑，防静电 ◎ 质轻，弹性好	160~260 元	
浮雕面强化地板	◎ 保养简单 ◎ 表面光滑，有木纹状的花纹 ◎ 应避免坚硬物品划伤地板	150~200 元	
锁扣强化地板	◎ 在地板的接缝处采取锁扣形式 ◎ 地板经常翘起，容易绊脚 ◎ 铺装简便，接缝严密，整体铺装效果佳 ◎ 防止地板接缝开裂	180~300 元	
静音强化地板	◎ 可以降低踩踏地板时发出的噪音 ◎ 铺上软木垫，具有吸音、隔声的效果 ◎ 脚感舒适 ◎ 不需打蜡护理	200~350 元	
防水强化地板	◎ 在地板的接缝处涂抹防水材料 ◎ 性价比高 ◎ 环保，寿命长	180~300 元	

强化地板的应用技巧

浮雕板适合老人房

带有浮雕面的强化地板，非常适合在老人房使用，它的防滑性能更出色一些，可以提高使用的安全性，非常符合老人的年龄特征。若同时搭配一些色彩相近的实木家具，则可以很轻松地营造出具有怀旧感的老人房氛围。

需要注意的是，除采光好的空间，顶面不适合使用色彩过深的实木复合地板。

< 老人房内使用浮雕面的强化地板，搭配同色系木质家具，安全且具有浓郁的复古气氛。

与瓷砖拼接，中间加过门石更美观

强化地板虽然是地板中最容易打理的，但是也不适合用在厨房中。有一些开敞式的厨房与餐厅相邻，餐厅内使用强化地板，厨房使用地砖，或过道使用了地砖而卧室使用强化地板，中间就需要做拼接，此时加入一块过门石，会让两者之间的过渡更自然、更舒适。

需要注意的是，三者相接时，由于材料的厚度不同，需要特别注意高差。

∨ 餐厅使用了强化地板，而厨房则使用了仿古砖，两者之间用黑色过门石过渡，显得更美观，更具层次感。

强化地板应用案例解析

水晶面强化地板

设计说明 现代美式风格的客厅中，选择一款褐色的水晶面强化地板，不仅从使用角度来说非常实用，从装饰角度来说增添了亲切感，同时与顶面的高色差，还有拉高房高的作用。

静音强化地板

设计说明 乡村风格的书房内，选择静音强化地板，能够减少走动的声音，很适合书房的功能需求。而地板的棕色与墙面的绿色组合，强化了乡村风格的田园韵味。

软木地板

脚感舒适，防滑、耐磨

软木地板被称为是“地板的金字塔尖上的消费”，主要材质是橡树的树皮，与实木地板比更具环保性、隔音性，防潮效果也更佳，具有弹性和韧性，且可以循环使用，非常适合有老人和幼儿的家庭使用，能够产生缓冲，降低摔倒后的伤害程度，且不用拆除旧的地板，即可以铺设。但它的价位较高，且经常需要花费一定的时间进行打理。

软木地板种类速查表

名称	特点	价格区间（平方米）	图片
纯软木地板	◎ 表面无任何覆盖 ◎ 属于早期产品 ◎ 脚感最佳，非常环保	200~500 元	
PU 漆软木地板	◎ 有高光、哑光与平光三种漆面 ◎ 造价低廉 ◎ 软木的质量好	100~180 元	
PVC 贴面软木地板	◎ 纹理丰富，可选择性高 ◎ 表面容易清洁与打理 ◎ 防水性好	120~200 元	
塑料软木地板	◎ 有较高的可塑性 ◎ 触感柔软舒适 ◎ 性价比高	180~340 元	
多层复合软木地板	◎ 质地坚固、耐用 ◎ 耐刮划、耐磨 ◎ 工艺先进	300~600 元	
聚氯乙烯贴面软木地板	◎ 防水性能好 ◎ 板面应力平衡 ◎ 厚度薄	160~300 元	

软木地板的应用技巧

老人房和儿童房的最佳选择

软木地板安静、舒适、耐磨，缓冲性能非常好，且柔软。孩子非常淘气，经常会摔倒，而老人则因为行动力下降，难免会摔倒，在老人房和儿童房使用软木地板，能够避免因摔倒而产生的磕碰和危险，为家人提供更安全的环境。

< 儿童房使用软木地板，可以为孩子提供更舒适、安全的环境。

厨房也可放心使用

软木地板与其他地板的最大区别是它具有优质的防潮性能，所以在开敞式的厨房中，也可以放心地使用，不仅让厨房更美观，更具品位，也可以利用其弹性和防滑性能为烹饪者提供更舒适的工作环境。

需要注意的是，虽然软木地板的防潮性能很好，但干湿不分离的卫浴间内不适合使用。

^ 在厨房内使用软木地板，不仅舒适，且能够彰显家居的品位和高档感。

软木地板应用案例解析

PU 漆软木地板

设计说明 开敞式的厨房内，地面使用带有渐变色的软木地板，搭配灰色和白色为主的橱柜，时尚、个性又不失家的温馨，彰显品位和个性。

纯软木地板

设计说明 在卧室内使用软木地板，能够静音、保温，且脚感舒适。选择浅褐色的纯软木款式，搭配棕红色的实木家具，具有复古的气质。

竹地板

平整度高，无缝隙

竹地板以天然优质竹子为原料，经过二十几道工序，脱去竹子原浆汁，经高温高压拼压，再经过多层油漆，最后红外线烘干而成。它有竹子的天然纹理，清新文雅，给人一种回归自然、高雅脱俗的感觉，纹理细腻流畅、防潮防湿防蚀以及韧性强、有弹性，兼具有原木地板的自然美感和陶瓷地砖的坚固耐用。但竹木地板相比较实木地板，由于原材料的纹理较单一，所以样式有一定的限制。

竹地板种类速查表

名称	特点	价格区间（平方米）	图片
实竹平压地板	◎ 采用平压工艺制作而成 ◎ 纹理自然，质感强烈 ◎ 防水性能好	120~220 元	
实竹侧压地板	◎ 采用侧压工艺制作而成 ◎ 纹理清晰，时尚感强 ◎ 耐高温，不易变形	120~220 元	
实竹中衡地板	◎ 质地坚硬 ◎ 表面有清凉感 ◎ 防水、防潮、防蛀虫	100~180 元	
竹木复合地板	◎ 采用竹木与木材混合制作而成 ◎ 有较高的性价比 ◎ 纹理多样，样式精美	130~260 元	
重竹地板	◎ 采用上等的竹木制作而成 ◎ 纹理细腻自然，丝质清晰 ◎ 平整平滑，不蛀虫，不变形	90~160 元	

竹地板的应用技巧

简约风格宜选择本色产品

竹地板分为本色和碳化色两大类别。本色产品为竹本色，即金黄色，此种比较适合用在简约风格的家居中，搭配无色系家具清新亮丽，简约大方，既能够增添一些温馨感，又不会让人感觉过于抢眼。需要注意的是，竹地板的花纹宽窄建议结合居室面积选择，小空间选择窄板更佳。

< 米黄色的竹地板搭配黑白为主的家具，使客厅显得简洁、大方，又不失家的温馨。

小户型可选亮面产品

如果家居户型较小，建议选择浅色系亮面的竹地板，整体式地在公共区内铺设。它光亮的表面能够反射一些光线，让家居空间看起来更宽敞、明亮一些。

需要注意的是，搭配家具时建议加入一些深色系，否则地面容易显得过于轻飘。

^ 家居空间内面积很小，使用亮面的竹地板，通过地面光线的折射，空间显得更宽敞、明亮。

竹地板应用案例解析

竹木复合地板

设计说明 竹木复合地板，属于竹地板中花色较多的款式，兼具木地板和竹地板的特色，将其用在卧室中，装饰效果较好且性价比较高。选择棕红色的竹木地板搭配米色墙面，兼具活泼感和高雅感。

设计说明 卧室选择了碳化后的侧压竹地板，搭配浅色墙面，塑造出了具有明快感的整体基调。而家具和布艺的选择都与地板色彩呼应，做深浅变化，给人十分雅致的感觉。

侧压竹地板

PVC 地板

耐磨、轻薄，施工简单

PVC 地板也叫做塑胶地板，是以聚氯乙烯及其共聚树脂为主要原料，加入填料、增塑剂、稳定剂、着色剂等辅料，在片状连续基材上，经涂敷工艺或经压延、挤出或挤压工艺生产而成，是当今世界上非常流行的一种新型轻体地面装饰材料，被称为“轻体地材”。它吸水率高、强度低，很容易断裂，但花色众多，很适合在短期居所使用。

PVC 地板种类速查表

名称	特点	参考价格（平方米）	图片
PVC 片材地板	◎ 铺装相对卷材简单 ◎ 维修简便，对地面平整度要求相对卷材不是很高 ◎ 价格通常较卷材低 ◎ 接缝多，整体感相对卷材低 ◎ 外观档次相对卷材低 ◎ 质量要求标准相对卷材低，质量参差不齐 ◎ 铺装后卫生死角多	50~200 元	
PVC 卷材地板	◎ 接缝少，整体感强，卫生死角少 ◎ PVC 含量高，脚感舒适，外观档次高 ◎ 正确铺装，则因产品质量而产生的问题少 ◎ 价格通常较片材高 ◎ 对地面的反应敏感程度高，要求地面平整、光滑、洁净 ◎ 铺装工艺要求高，难度大 ◎ 破损时，维修较困难 ◎ 若接缝烧焊，焊条易弄脏地面	150~500 元	

PVC 地板的应用技巧

木纹产品更具高档感

PVC 地板的花色品种繁多，如纯色、地毯纹、石纹、木地板纹等，甚至可以实现个性化订制。纹路逼真美观，配以丰富多彩的辅料和装饰条，能组合出绝美的装饰效果。但在家居环境中，建议选择木纹的款式，会有仿实木地板的感觉，显得高档一些。需要注意的是，仿木纹的款式，卷材的效果要更好一些。

^ 在家居中，使用仿木地板质感的 PVC 地板，比其他图案的要更高级一些。

不适合用在潮湿的区域

PVC 地板虽然性能强大，但是也不是所有的空间都适合使用。它的透气性不佳，且不耐日晒，所以家居中阳光充足的阳台及潮湿的卫浴间中就不适合使用。长期的日晒及潮湿容易破坏底层的胶，造成底部发霉、翘曲或膨胀变形。需要注意的是，如果位于气候比较潮湿的地区，也不建议使用 PVC 地板铺设地面。

> PVC 地板更适合用在比较干燥的区域，不容易发生霉变和其他质量问题。

可直接铺在地砖上，做拼接效果

PVC 地板很适合在出租屋内使用。很多出租屋内都是地砖材质，想要追求个性一些的效果又不想做太大的改造，就可以在部分地砖上铺设木纹款式的 PVC 地板，搭配一块地毯，就形成了木地板与地砖拼接式的地面效果。

需要注意的是，做此种操作尽量不要用胶带来粘贴，可以不固定或者用胶涂在底部固定。

∧ 将木纹 PVC 地板放在沙发下方，与原有白色地砖做拼接，搭配一块地毯，非常个性。

PVC 地板的鉴别与选购

① 外观不能有显著缺陷

表面不应有裂纹、断裂、分层的现象，允许轻微的褶皱、气泡、漏印、缺膜，套印偏差、色差、污染不明显，允许轻微图案变形。

② 注意厚度

选购 PVC 地板时，一定要注意厚度，越厚的通常质量越好。一般情况下，选用厚度在 2.0~3.0 毫米的，耐磨层在 0.2~0.3 毫米的塑胶地板即可。

③ 选品牌产品

PVC 的原料好坏很难用肉眼判断，而回收料制成的产品无论是环保性还是耐用性上都要比原生料差。选择品牌产品可以避免买到回收料而危害健康。

PVC 地板应用案例解析

PVC 卷材地板

设计说明 用仿实木纹理的 PVC 地板搭配木墙面和楼梯，能够在视觉上形成混淆的效果，既美观又经济，非常适合小面积的户型。

PVC 卷材地板

设计说明 经济型的小户型，且公共区开敞式，地面很适合铺设 PVC 卷材地板。面积不大，铺设难度小，可以在客厅区域搭配一块地毯，方便打理，老旧后还可随时更换，保持新鲜感。

榻榻米

有利身体健康、可调节湿度

除了常见的各种地板外，还有一种近年来深受人们喜爱的地材，就是榻榻米。榻榻米源于日本，适合搭配地台使用。榻榻米是用蔺草编织而成，一年四季都铺在地上供人坐或卧的一种家具。榻榻米在选材上有很多种组合，面层多为稻草，能够起到吸放湿气、调节温度的作用。喜欢休闲一些的风格，可以在家里设计一个榻榻米，用来下棋或者喝茶、聊天都是非常好的。

榻榻米种类速查表

名称	特点	参考价格（平方米）	图片
稻草芯	◎ 市面上最为多见，是最传统的做法 ◎ 稻草要自然晾干 1 年左右，再靠机器烘干，交错放置 7 层后缝制而成 ◎ 能够调节湿气 ◎ 需要经常的晾晒，怕潮 ◎ 受潮后容易长毛和生虫 ◎ 不是很平整	110~200 元	
无纺布芯	◎ 由无纺布叠压编织制成的 ◎ 无纺布是一种可降解的材料，非常环保 ◎ 具有更稳定的效果 ◎ 不易变形且平整	310~1000 元	
木质纤维板芯	◎ 可夹一层泡棉，整体感觉偏硬 ◎ 密度高，平整，防潮，易保养 ◎ 无需担心发霉的现象 ◎ 不能用在地热上，热量烘烤后会发酥	130~500 元	

榻榻米的应用技巧

非常适合用在小房间内

榻榻米特别适合用在小面积的空间内，它可在最小的范围内，展示最大的空间，具有床、地毯、凳椅或沙发等多种功能。同样大小的房间，铺“榻榻米”的费用仅是西式布置的三至四分之一。

需要注意的是，如果空间内比较潮湿，则不适合使用榻榻米。

< 小面积空间内，使用榻榻米代替床，既可以睡眠，又可以休闲，非常实用。

可结合飘窗共同造型

飘窗在现代楼房中非常常见，如果是出现在小面积的房间内，摆放床就会空余一定的面积无法完全利用。这种情况下，可以将飘窗利用起来，延伸出一段距离，底部用实木做出地台，上方铺设榻榻米，做固定式的床，就会有更多的空间可以利用。

需要注意的是，如果窗的保暖效果不佳，就不适合采用这种方式。

∨ 将飘窗的突出部分利用起来，做成一个整体式的固定床，既满足了休息的面积，又留出了很多的空间。

可以利用阳台分割出小休闲区

如果家中没有单独可以做成榻榻米的房间，可以将阳台利用起来，下方做成地台，上方铺设榻榻米，做成一个小的休闲区。若不习惯席地而坐，还可以安装一个升降桌，虽然价格较高，但功能会更多。

需要注意的是，阳台光照较充足，适合选择稻草芯和无纺布芯的榻榻米。

∧ 做休闲用的榻榻米并不需要太多的空间，阳台就可以满足需求。

榻榻米的鉴别与选购

① 正面查看草席

榻榻米外观应平整挺拔，绿色席面应紧密均匀紧绷，双手向中间紧拢没有多余的部分；用手推席面，应没有折痕；草席接头处，“丫”形缝制应斜度均匀，棱角分明。

② 看看侧面包边及底衬

包边应针脚均匀，米黄色维纶线缝制，棱角如刀刃；底部应有防水衬纸，采用米黄色维纶线，无跳针线头，通气孔均匀；上下左右四周边厚度应相同，硬度相等。

③ 劣质榻榻米的特点

劣质榻榻米表面有一层发白的泥染色素，粗糙且容易褪色。填充物的处理不到位，使草席内掺杂灰尘、泥沙。榻榻米的硬度不够，易变形。

榻榻米应用案例解析

稻草芯榻榻米

设计说明 稻草芯的榻榻米质感更柔软，可以调节湿度，非常适合用在卧室中。将小房间的一半做成榻榻米，比床有更多功能，且能容纳更多人使用。

木质纤维板芯榻榻米

设计说明 木质纤维板芯的榻榻米硬度更高，非常适合用在非阳台区域的棋室、茶室中，能够完全将之前无法利用的小空间充分利用起来，为家居增添一分文雅的气质。

08

第八章

顶面材料

顶面设计常常被人们忽略，而恰当的顶面造型设计能够起到提升家居整体档次的作用。好的造型要依靠材料才能够实现，除了熟知的石膏板和扣板，装饰线条也是塑造顶面的好帮手，它们分别适合不同房高的户型，以及不同的功能区。那么，石膏板能不能用在厨房和卫浴间？答案是可以的，只要找对种类，一样可以装饰厨卫空间。所以，了解不同顶面的类型，才是设计顶面造型的基础。

石膏板

质轻、防火，还可建造隔墙

石膏板是以建筑石膏和护面纸为主要原料，掺加适量纤维、淀粉、促凝剂、发泡剂和水等，制成的轻质建筑薄板。它具有轻质，防火，强度高，隔音绝热，物美价廉且加工性能良好等优点，而且施工方便，装饰效果好。除了用于顶面，还可用来制作非承重的隔墙。石膏板的种类较多，不同的种类适合用在不同的功能区域中。

石膏板种类速查表

名称	特点	参考价格（张）	适用部位	图片
平面石膏板	◎ 最经济和常见的品种，适用于无特殊要求的场所 ◎ 可塑性很强，易加工 ◎ 板块之间通过接缝处理可形成无缝对接 ◎ 面层非常容易装饰，且可搭配多种材料组合	30~105 元	√ 顶面 √ 墙面 √ 隔墙	
浮雕石膏板	◎ 在石膏板表面进行压花处理 ◎ 能令空间更加高大，立体 ◎ 可根据具体情况定制	85~135 元	√ 顶面 √ 墙面	
防水石膏板	◎ 具有一定的防水性能 ◎ 吸水率为 5% ◎ 防潮，适用于潮湿空间	55~105 元	√ 顶面 √ 隔墙	
防火石膏板	◎ 表面颜色为粉红色纸面 ◎ 采用不燃石膏芯混合了玻璃纤维及其他添加剂 ◎ 具有极佳的耐火性能	55~105 元	√ 顶面 √ 隔墙	
穿孔石膏板	◎ 用特制高强纸面石膏板为基板 ◎ 采用特殊工艺，表面粘压优质贴膜后穿孔而成 ◎ 施工简单快捷，无需二次装饰	40~105 元	√ 顶面	

石膏板的应用技巧

根据部位选择适合的种类

在使用石膏板时，宜结合使用的部位选择合适的款式，如在普通区域中做吊顶或隔墙，平面式的石膏板就可以满足需求，追求个性也可选择浮雕板；如果是在卫浴间或厨房使用，则需要防水或防火的石膏板；而如果是影音室中，则适合选择穿孔石膏板来吸音。需要注意的是，防水石膏板适合搭配轻钢龙骨来施工，而木龙骨受潮容易变形。

< 使用防水石膏板，搭配防水涂料，卫浴间内也可以做吊顶造型。

矮房间可做局部吊顶

遇到比较低矮的户型，很多人会选择不做吊顶，实际上，采用局部式的条形或块面式吊顶，拉低一小部分的房高，造成吊顶与原顶的高差，反而会让整体房高显得更高一些，若搭配一些暗藏式的灯光，效果会更明显。需要注意的是，灯光使用白光或黄光即可，不宜使用颜色太突出的款式。

∧ 房间较低矮，设计师在电视墙上方做了长条形的局部吊顶，搭配黑镜和暗藏灯，反而使整体显得更高，且效果非常时尚。

石膏板应用案例解析

平面石膏板

浮雕石膏板

设计说明 客厅中顶面使用平面石膏板做局部式的吊顶跌级造型，搭配暗藏灯光，拉伸了房间的高度，也增添了华丽感。将一组浮雕石膏板用在墙面上，则进一步彰显出了设计上的细节美。

浮雕石膏板

设计说明 公共区没有做任何吊顶，仅在吊灯的部位粘贴了两块浮雕石膏板，用其精美的花纹，丰富了顶面的层次感，且放置的位置十分巧妙，与灯具搭配起来，非常整体。

铝扣板

防水、防潮，塑造细节美

铝扣板是以铝合金板材为基底，通过开料、剪角、模压成型得到。铝扣板表面使用各种不同的涂层加工得到各种铝扣板产品。近年来，家装铝扣板厂家将各种不同的加工工艺都运用到其中，像热转印、釉面、油墨印花、镜面等，以板面花式、使用寿命、板面优势等代替 PVC 扣板，获得人们的喜爱。它可以直接安装在建筑表面，施工方便。因其防水，不渗水，所以较为适合用在卫浴、厨房等空间。

铝扣板种类速查表

名称	特点	参考价格（平方米）	图片
覆膜板	◎ 无起皱、划伤、脱落、漏贴现象 ◎ 花纹种类多，色彩丰富 ◎ 耐气候性、耐腐蚀性、耐化学性强 ◎ 防紫外线，抗油烟 ◎ 易变色	45~60 元	
滚涂板	◎ 表面均匀、光滑 ◎ 无漏涂、缩孔、划伤、脱落等 ◎ 耐高温性能佳，防紫外线 ◎ 耐酸碱、耐防腐性强	55~150 元	
拉丝板	◎ 平整度高，板材纯正 ◎ 有平面、双线、正点三种造型 ◎ 板面定型效果好，色泽光亮 ◎ 具有防腐、吸音、隔音性能	75~150 元	
纳米技术方板	◎ 图层光滑细腻 ◎ 缩油，易清洁 ◎ 板面色彩均匀细腻、柔和亮丽 ◎ 不易划伤、变色	150~400 元	
阳极氧化板	◎ 耐腐蚀性、耐磨性及硬度增强 ◎ 不吸尘、不沾油烟 ◎ 一次成型，尺寸精度、安装平整度更高 ◎ 使用寿命更长，20 年不掉色	180~500 元	

铝扣板的应用技巧

使用集成吊顶最省力

与刚开始流行铝扣板吊顶不同的是，近年来，很多商家推出了集成式的铝扣板吊顶，包括板材的拼花、颜色，以及灯具、浴霸、排风的位置都会设计好，而且负责安装和维修，比起自己购买单片的来拼接更为省力、美观。

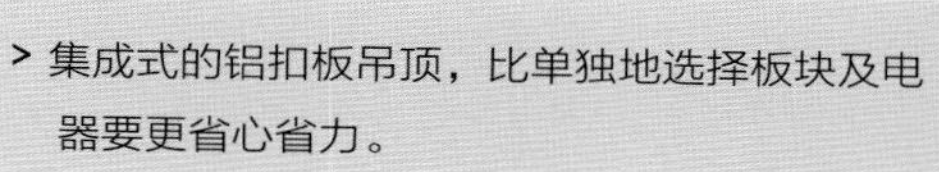

> 集成式的铝扣板吊顶，比单独地选择板块及电器要更省心省力。

卫生间适合选择镂空花型

卫生间由于顶面有管道，在安装扣板后，房间的高度会下降很多，在洗澡时，水蒸气向周围扩散，如果空间很小，人很快就会感到憋闷。镂空花型的铝扣板能使水蒸气没有阻碍地向上蒸发，并很快凝结成水滴，又不会滴落下来，能够起到双重功效。需要注意的是，卫生间不适合选择耐腐蚀性差的铝扣板。

> 卫生间内，使用带有镂空花型的铝扣板吊顶，能够让洗澡过程更舒适。

铝扣板应用案例解析

纳米技术方板

设计说明 从性能上来说，纳米技术方板缩油、易清洁，非常适合用在厨房内。从装饰效果来讲，白色的铝扣板能够彰显整洁感，搭配深色仿古地砖，大气而明快。

滚涂板

设计说明 选择淡米色带有浮雕花纹的滚涂板来装饰卫浴间，与米黄色仿古砖的墙面，在色彩上过渡得非常协调、舒适。浮雕花纹彰显出了设计方面的细节的到位，同时材质更耐腐。

装饰线
增加空间的层次感

装饰线用在天花板与墙面的接缝处，在空间整体效果上来看能见度不高，但是却能够起到增加室内层次感的重要作用。除此之外，它还可用在墙面上，做一些简化的欧式造型来美化家居立面。目前，使用较多的装饰线为石膏线、木线和 PU 线，各有其优缺点，但从综合方面来讲，防虫、防蛀、防火的 PU 装饰线更出色一些，可以从价位、装饰效果等方面综合地来选择。

装饰线种类速查表

名称	特点	参考价格（条）	图片
石膏装饰线	◎ 原料为石膏粉，通过和一定比例的水混合灌入模具并加入纤维增加韧性 ◎ 花纹可选择性较多 ◎ 造型包括角线、平线、弧线等 ◎ 实用美观，价格低廉 ◎ 防火、保温，隔音、隔热 ◎ 强度低，摔打易碎 ◎ 耐潮性差，潮湿后易发霉、变形 ◎ 施工时容易有粉尘污染	8~35 元	
实木装饰线	◎ 材质以实木为主 ◎ 档次高，健康无污染 ◎ 制作麻烦，价格较高 ◎ 若漆面处理不好，很容易变形、发霉 ◎ 容易受到虫蛀，保养麻烦	55~100 元	
PU 装饰线	◎ 强度很好，可承受正常摔打不损伤 ◎ 易打理，可直接擦洗 ◎ 防水，直接浸泡也不会变形 ◎ 重量轻，只有同体积石膏线的 1/4~1/5 ◎ 安装方便，一个人也可以操作 ◎ 无毒害，低碳环保	30~80 元	

装饰线的应用技巧

可用在顶面或墙面上

装饰线除了可用在墙面与顶面衔接处外，还可以用在顶面做装饰。原顶面不做跌级造型，仅用装饰线粘贴，也能取得很好的装饰效果。除此之外，还可以用在墙面上，做一些简单的造型。需要注意的是，墙面用的装饰线，宜选择与家居风格相对应的代表性花纹。

< 用装饰线在墙面上可以很简单地做出欧式造型，方便、快捷，且装饰效果佳。

结合风格选择材质

三种常用的装饰线中，石膏线和PU线的款式较多，所以适合的家居风格也最广泛，针对不同的风格选择不同图案即可；而实木材质的装饰线，则比较适合欧式、法式或中式风格的居室。

需要注意的是，实木线不适合潮湿地区，可用其他线条代替。

> 现代美式风格的卧室内，选择造型比较简单的PU线条连接顶面和墙面，简洁而大气。

装饰线应用案例解析

石膏装饰线

设计说明 客厅中没有做跌级式的吊顶造型，仅使用石膏线做出交叉式的造型，非常简约，比起复杂的吊顶来说，更利落且不占用立面高度，很适合简约类的家居。

PU 装饰线

设计说明 顶面和墙面的交界处使用了带有描金装饰的 PU 装饰线，与床头墙部分的线条相呼应，使法式风格的卧室内，低调的奢华感更强烈。

09

第九章

卫浴五金及洁具

卫浴间中的洁具和五金配件，是生活中不可缺少的物件，它们的款式决定了卫浴间的美观程度，它们的质量关系到使用的顺畅与否以及使用寿命的长短。好的洁具和五金不仅能够满足装饰和实用性，更能够体现家居的品位。在选择时，可以先选择耐用、易清洁的材质，而后选择与整体搭配相协调的外观，同时还应考虑尺寸问题，避免不能顺利安装。

浴缸

提升生活品位，增添乐趣

现代人的生活比较繁忙，归家后用浴缸泡澡，可以缓解疲劳，让生活变得更有乐趣。它并不是必备的洁具，但却能让生活更舒适。浴缸适合摆放在面积比较宽敞的卫浴间中。浴缸有固定式和可移动式等不同的区分，材质多样，造型精美，不仅能提供实用性功能，还具有一定的装饰效果。

浴缸种类速查表

名称	特点	参考价格（个）	图片
亚克力浴缸	◎ 造型丰富，重量轻 ◎ 表面的光泽度好 ◎ 价格低廉 ◎ 耐高温能力差、耐压能力差 ◎ 不耐磨、表面易老化	1200~1500 元	
实木浴缸	◎ 木质硬，防腐性能佳 ◎ 保温性强，可充分浸润身体 ◎ 需要养护，干燥容易开裂 ◎ 售价较高	2800~4000 元	
铸铁浴缸	◎ 表面覆搪瓷，重量大 ◎ 使用时不易产生噪声 ◎ 经久耐用，注水噪声小，便于清洁 ◎ 运输和安装较困难	2300~3800 元	
按摩浴缸	◎ 有一定的保健作用 ◎ 体型较大，售价高昂 ◎ 有极佳的使用舒适度	5000~8000 元	
钢板浴缸	◎ 比较传统的浴缸 ◎ 重量介于铸铁缸与亚克力缸之间 ◎ 保温效果低于铸铁缸，但使用寿命长 ◎ 整体性价比较高 ◎ 耐磨、耐热、耐压	3000 元起	

浴缸的应用技巧

安装方式可根据使用者选择

浴缸按照安装方式来分，可分为嵌入式和独立式两种，嵌入式就是将浴缸放入到水泥砂浆砌筑的台面中包裹起来的安装方式，安全性较高，但占地面积大，适合有老人和小孩的家庭；独立式下方带有腿，放置在适合的位置即可使用，适合小卫浴和年轻人。需要注意的是，嵌入式安装比较麻烦，需提前做好计划，预留排水管、检修口等。

< 嵌入式浴缸虽然不可以移动，但使用起来安全性更好，通常都带有台面，可以摆放一些物品。

小浴室可选实木浴缸

在所有的浴缸中，实木浴缸的尺寸是相对较小的，虽然有一些重量，但是一个人也可以挪动，所以面积非常小的浴室，很适合摆放一个实木浴缸，与坐便器之间使用一个浴帘，即可实现干湿分离。

需要注意的是，如果是比较干燥的地区，则不适合使用实木浴缸，容易开裂而漏水。

^ 面积较小的卫浴间内，使用一个实木浴缸，节省空间，又可增加生活的舒适度。

浴缸应用案例解析

亚克力浴缸

设计说明 选择一款内部为黄色、外壳为白色的亚克力浴缸，无论是组合红色墙面还是组合黑色地面，都显得非常活泼，让浴室充满了欢乐的气氛。

铸铁浴缸

设计说明 内嵌式的安装方式很适合选择综合性能比较好的铸铁浴缸。将其用马赛克包裹起来，搭配仿古地砖，具有浓郁的异域风情。

洁面盆

可根据面积选购款式

洁面盆的种类非常丰富，是家居中使用频率非常高的洁具。它按造型可分为台上盆、台下盆、挂盆、立柱盆和一体盆等；按材质可分为玻璃盆、不锈钢盆和陶瓷盆等，每一种都有其独特的个性。不同材质和造型的洁面盆价格相差悬殊，可以从使用需求出发，结合材质、款式和价位来选择。

洁面盆种类速查表

名称	特点	参考价格（个）	图片
台上盆	◎ 安装方便，台面不易脏 ◎ 样式多样，装饰感强 ◎ 对台盆的质量要求较高 ◎ 台面上可放置物品 ◎ 盆与台面衔接处处理得不好容易发霉	200~900 元	
台下盆	◎ 卫生清洁无死角，易清洁 ◎ 台面上可放置物品 ◎ 与浴室柜组合的整体性强 ◎ 对安装工艺要求较高	240~850 元	
挂盆	◎ 节省空间面积，适合较小的卫生间 ◎ 没有放置杂物的空间 ◎ 样式单调，缺乏装饰性 ◎ 适合墙排水户型	220~480 元	
一体盆	◎ 盆体与台面一次加工成型 ◎ 易清洁，无死角，不发霉 ◎ 款式较少	180~370 元	
立柱盆	◎ 适合空间不足的卫生间安装使用 ◎ 一般不会出现盆身下坠变形的情况 ◎ 造型优美，具有很好的装饰效果 ◎ 容易清洗，通风性好	260~1000 元	

洁面盆的应用技巧

根据卫浴间的面积选择造型

洁面盆的造型，可以结合浴室的面积来决定。微型卫生间，适合选择立柱盆，若同时为墙排水，则只适合使用挂盆。一体盆通常只有一个面盆，占地面积中等，小卫浴和中等卫浴均适合，若卫浴间面积很大，使用它容易显得空旷。台上盆和台下盆非微型卫浴间均适用。

> 台上盆虽然需要台面才能安装，但台面的宽度可以窄一些，所以小卫浴间中也可以使用。

根据家居风格选材质

市面上常见的洁面盆有陶瓷、不锈钢和玻璃三种，其中陶瓷款式和色彩最多，各种家居风格均可找到适合的款式；不锈钢洁面盆多为银色，花样最少，较冷酷，比较适合现代、前卫风格的家居；玻璃面盆晶莹剔透，色彩较多，适合简约、现代风格的家居。需要注意的是，玻璃洁面盆有普通玻璃和钢化玻璃两种，建议选择后者，更安全。

> 陶瓷材质的白色面盆，用在美式风格的卫浴间内，也毫不显得突兀。

洁面盆应用案例解析

台下盆

设计说明 面积较宽敞的卫浴间内，使用了两个台下盆，可以满足多人口的实用需求。设计师将其作为设计基准，无论是墙面、地面还是浴室柜均采用了对称式的造型，使人感觉规整而大气。

台上盆

设计说明 晶莹剔透的玻璃洁面盆为卫浴间增添了精致感和时尚感。它不仅仅是一件洁具，更是一件艺术品，提升了整个卫浴间的品位和精致度。

坐便器

省水静音很重要

坐便器的使用率在卫生间中是最高的，家里的每个人都会使用它，其质量好坏直接关系到生活品质，因此，比起款式来说，对其质量的把控更重要。在选购坐便器的过程中，需要通过节水性能、静音效果来判断坐便器的好坏。同时，还要关注坐便器的大小，是否适合家庭中的卫生间。

坐便器种类速查表

名称	特点	参考价格（个）	图片
连体式马桶	◎ 水箱和座体合二为一 ◎ 形体简洁，安装简单 ◎ 价格较高	400 元起	
分体式马桶	◎ 水箱与座体分开设计 ◎ 占用空间面积较大 ◎ 连接处容易藏污纳垢 ◎ 不易清洁	250 元起	
悬挂式	◎ 直接安装在墙面上，悬空的款式 ◎ 通过墙面来排水，适合墙排水的建筑 ◎ 体积小，节省空间 ◎ 下方悬空，没有卫生死角	1000 元起	
直冲式马桶	◎ 冲污水效率高 ◎ 噪音较大，容易结垢，省水 ◎ 款式相对较少	600 元起	
虹吸式马桶	◎ 冲水噪音小，费水 ◎ 有一定的防臭效果 ◎ 样式精美，品种繁多	750 元起	

坐便器的应用技巧

用科技改善生活

智能坐便器近年来非常流行，但是它的价格较高，若使用的是普通款式的坐便器，则可以用智能坐便盖替换现有的盖子，就可以享受智能坐便器的一些功能，相比较来说，花费的资金更少，但是功能却相差不多。需要注意的是，安装智能坐便盖，坐便器附近需要有可使用的做过接地处理的电源插座。

< 智能坐便盖的安装很简单，却可以为人们提供智能坐便器的一些功能。

加一些细节更显品位

很多人的印象中，坐便器都是较为单调的，实际上有很多具有艺术感的坐便器，例如带有欧式雕花的款式，细节的设计非常到位，在卫浴间内使用此类的坐便器，能够充分地显示出居住者的品位。

需要注意的是，此类坐便器装饰性更浓郁，通常比较昂贵。

v 用带有欧式花纹的坐便器，搭配马赛克墙面，华丽而又不乏精致的细节。

坐便器应用案例解析

连体、虹吸式坐便器

设计说明 卫浴间内，无论是界面还是浴室柜的色调都比较重，坐便器选择白色，能够与墙面、地面和浴室柜形成鲜明的对比，增加一些活跃感，也让空间显得更时尚、现代。

悬挂、虹吸式坐便器

设计说明 悬挂式的坐便器小巧且无死角，且非常简洁、利落。选择白色，可以与白色墙砖连成一体，使固定界面和洁具更具统一感。

浴室柜

防水、防潮最重要

浴室柜安装在卫生间中，最为重要的是防水、防潮性能。一般为了解决这个问题，浴室柜会悬空设计，使其与地面保持一定的距离；有时也会在材质上做文章，使用一些不怕水浸的材质。它不像橱柜那样有一致的定式，可以是任何形状，也可以摆放在任何恰当的位置，但一定要与浴室的整体设计相呼应，否则会给人画蛇添足的感觉。

浴室柜种类速查表

名称	特点	参考价格（个）	图片
实木浴室柜	◎ 纹理自然，质感高档 ◎ 质量坚固耐用 ◎ 甲醛含量低，环保健康 ◎ 效果自然淳厚，高贵典雅 ◎ 环境干燥容易开裂	900~2000 元	
不锈钢浴室柜	◎ 防水、防潮性能出色 ◎ 环保，经久耐用 ◎ 防潮、防霉、防锈 ◎ 设计单调，缺乏新意，容易变暗	850~1600 元	
铝合金浴室柜	◎ 防水、防潮性能出色 ◎ 表面的光泽度好 ◎ 品质高，使用方便	1200~3000 元	
PVC 浴室柜	◎ 色彩丰富 ◎ 抗高温、防刻划、易清理 ◎ 造型多样，可定制 ◎ 耐化学腐蚀性能不高	450~900 元	

浴室柜的应用技巧

结合风格选择合适的款式

常见的浴室柜大致可以分成四种风格，包括中式风格、简约风格、田园风格和欧式风格。其中，欧式风格既可用在欧式家居中，也适合用在法式、美式乡村风格的居室中。在选择时，针对家居风格选择适合的款式即可。若进行风格的混搭，需注意材质和色彩的协调性。

> 浴室墙面和地面使用了仿古砖，具有地中海特点，搭配一个白色木质浴室柜，符合风格色彩及材质特征。

组合柜或挂墙柜适合紧凑空间

紧凑型的卫浴间适合选用组合式和挂墙式浴室柜，既能有效做到干湿分离，又能保持干净整洁。带镜柜设计的浴室柜可以收纳化妆品、毛巾等物品，充分利用了卫生间墙面空间，能最大限度地满足卫浴环境中种类繁多的存储需要。需要注意的是，镜柜与洗手台之间的高度应合理，预留足够的活动空间供龙头使用。

> 洗漱区面积较小，选择挂墙式的组合浴室柜，充分利用了空间，满足了洗漱和储物需求。

浴室柜应用案例解析

实木浴室柜

设计说明 绿色乳胶漆搭配米黄色大理石，具有朦胧的春的气息，选择一个深棕红色的实木浴室柜加入进来，使卫浴间内的田园韵味更加浓郁。

PVC 浴室柜

设计说明 卫浴间的面积较小，墙面和地面砖的花纹已经很丰富，选择白色的 PVC 浴室柜搭配白色的洁具，使主次层次更加清晰，感觉更加利落、简洁。

水龙头

小身材大作用

越小的五金件发挥的作用往往越大，龙头虽然使用的部位不多，但是使用频率却非常高。小小的龙头，款式却非常多，价位也有高有低，因为身材小，很多人都是随意地购买而不像其他大的配件那样讲究。实际上，这是一个错误的观念，不合格的龙头很容易出现问题，需要经常更换，影响使用，为生活带来烦恼。

水龙头种类速查表

名称	特点	参考价格（个）	图片
扳手式水龙头	◎ 最常见的水龙头款式，安装简单 ◎ 生产技术最成熟 ◎ 单向扳手款式只有一个扳手，同时控制冷热水 ◎ 双向扳手款式有两个扳手，分别控制冷热水的开关	50~400 元	
按弹式水龙头	◎ 此类水龙头通过按动控制按钮来控制水流的开关 ◎ 与手的接触面积小，比较卫生 ◎ 适合有孩子的家庭 ◎ 修理难度大，价格较高	60~300 元	
感应式水龙头	◎ 龙头上带有红外线感应器 ◎ 手移动到感应器附近时，就会自动出水 ◎ 不用触碰龙头，是最卫生的龙头 ◎ 修理难度大，价格高	200~900 元	
入墙式水龙头	◎ 出水口连接在墙内完成的一种水龙头 ◎ 简洁、利落，非常美观、整洁 ◎ 有扳手式的，也有感应式的 ◎ 安装此类需要特别设计出水口	60~700 元	
抽拉式水龙头	◎ 龙头部分连接了一根软管 ◎ 可以将喷嘴部分抽拉出来到指定位置 ◎ 非常人性化，水流可以随意移动	80~400 元	

水龙头的应用技巧

根据实际需求选择款式

水龙头款式众多，让人眼花缭乱，建议大家从实际需求出发。如果没有特殊要求，选择扳手式就能满足使用需求；如果喜欢利落一些，可以选择入墙式；若想要卫生一些，可以选择按弹式或者感应式；若喜欢在洁面盆洗头，则可以选择抽拉式。

需要注意的是，有特殊安装要求的水龙头，需要在进行水电改造时就确定下来。

< 入墙式水龙头不占据台面空间，适合喜欢利落、简洁感的人群使用。

流量适合才不会溅水

不同款式的龙头出水流量和速度是有区别的，如果洁面盆很浅，若搭配了流量和流速大的龙头，在使用时，盆底很容易溅水，不仅会弄湿衣服，还会让台面和墙壁留下水渍，影响美观。所以，如果洁面盆足够深，可以搭配大流量的龙头，反之，则适合选择小流量的款式，才能避免溅水。

^ 当洁面盆的深度较小的时候，选择一个小口径的龙头，使用起来会更舒适。

水龙头应用案例解析

单向扳手式水龙头

设计说明 卫浴间内无论是色彩的组合还是洁具的款式都非常简约，选择一个银色的不锈钢水龙头，增添了一丝时尚感，与整体搭配起来也非常协调。

双向扳手式水龙头

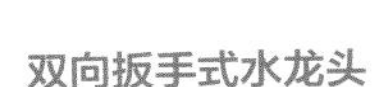

设计说明 仿古地砖的墙、地面搭配实木材质的浴室柜，具有浓郁的美式韵味，选择两个做旧铜颜色的双向扳手式水龙头，具有做旧金属的质朴感，使风格的特点更浓郁。

地漏

防臭和质量都很重要

地漏是每家每户必备的东西，由于地漏埋在地面以下，且要求密封好，所以不能经常更换。若购买了次品，会让卫浴间内充满了不良的味道，影响心情和身体健康。因此，选购一款质量好的地漏尤其重要。除了质量外，还应重点关注结构是否能够有效防臭气。

地漏种类速查表

名称	特点	参考价格（个）	图片
PVC 地漏	◎ PVC 地漏是继铸铁地漏后出现的产品，也曾普遍使用 ◎ 价格低廉，重量轻 ◎ 不耐划伤，遇冷热后物理稳定性差 ◎ 易发生变形，是低档次产品	10~20 元	
合金地漏	◎ 合金材料材质较脆，强度不高 ◎ 如使用不当，面板会断裂 ◎ 价格中档，重量轻 ◎ 表面粗糙，市场占有率不高	15~60 元	

名称	特点	参考价格（个）	图片
不锈钢地漏	◎ 价格适中，款式美观 ◎ 市场占有量较高 ◎ 304 不锈钢质量最佳，不会生锈	10~30 元	
黄铜地漏	◎ 分量重，外观感好，工艺多 ◎ 造型美观、奢华，豪华类产品多为此类 ◎ 镀铬层较薄的时间长了表面会生锈	50~110 元	

地漏结构种类速查表

名称	特点	参考价格（个）	图片
水封地漏	◎ 通过水封来防臭 ◎ 有浅水封、深水封和广口水封三种 ◎ 内部有一个部件用来装水，从而隔开下水道的臭气	30~60 元	
无水封地漏	◎ 不采用水封，而是采用其他方式来封闭排水管道气味的地漏类型 ◎ 包括机械无水封和硅胶无水封两种 ◎ 机械无水封种类较多，它是通过弹簧、磁铁等轴承来工作的	50~300 元	

地漏的应用技巧

必须安装地漏的位置

淋浴下面，适宜选择可以便于清洁的款式，因为头发较多。普通的花洒需要直径为 **50** 毫米的地漏，多功能的淋浴柱需要直径为 **75** 毫米的地漏；洗衣机附近，此地漏要关注排水速度问题，直排地漏是最佳选择。

> 淋浴器下方必须安装地漏，是为了能够让花洒淋下来的水迅速地排走，避免水长时间滞留。

可选安装地漏的位置

坐便器旁边，地面会比较低，容易积水，时间长了会有脏垢积存，安装一个地漏利于排水。厨房和阳台中，如果厨房排水管不是成反水弯式，需要装地漏；一般阳台都用来晾晒衣服，也会有少量的积水，建议安装。

> 洁面盆附近容易有水渍，安装一个地漏可以及时清除水渍，避免滞留。

地漏应用案例解析

黄铜材质水封地漏

设计说明 没有淋浴设备的卫浴间中，将地漏安装在浴缸和洁面盆的附近位置，无论是洁面还是沐浴带出的水渍都可以及时地清除，非常方便。

不锈钢材质无水封地漏

设计说明 将地漏安装在坐便器和洁面盆中间靠后的位置，可以及时地排除洁面盆流出的水渍，同时，隐藏式的角度，也不会影响卫浴间整体的美观性。

10

第十章

橱柜材料

民以食为天，好的生活品质离不开精致的饮食，而饮食则离不开厨房，而橱柜又是厨房中不可缺少、必须用到的。比起美观性来说，橱柜的材料是否环保、能否保证人们的健康才是最重要的。橱柜的组成有台面、柜体和门板三个大部分，种类繁多，美观、卫生、实用的，才是最好的。

台面

美观、易清洁最佳

橱柜台面是橱柜的重要组成部分，日常操作都要在上面完成，所以要求要方便清洁、不易受到污染，卫生、安全。除了关注质量外，色彩与橱柜以及厨房整体相配合也应协调、美观。可以说，台面选择的好坏，决定了橱柜整体设计所呈现出的效果，也决定了烹饪者是否有愉快的心情。

台面种类速查表

名称	特点	参考价格（平方米）	图片
人造石台面	◎ 表面光滑细腻 ◎ 表面无孔隙，抗污力强 ◎ 可任意长度无缝粘接 ◎ 易打理，非常耐用，别称是“懒人台面” ◎ 划伤后可以磨光修复	300 元起	
石英石台面	◎ 硬度很高，耐磨不怕刮划，耐热好 ◎ 经久耐用，不易断裂 ◎ 抗菌、抗污染性强 ◎ 接缝处较明显	350 元起	
不锈钢台面	◎ 抗菌再生能力最强，环保无辐射 ◎ 坚固、易清洗、实用性较强 ◎ 不太适用于管道多的厨房	200 元起	
美耐板台面	◎ 可选花色多，仿木纹自然、舒适 ◎ 耐高温、高压，耐刮 ◎ 易清理，可避免刮伤、刮花的问题 ◎ 价格经济实惠，如有损坏，可全部换新	200 元起	
天然石材台面	◎ 纹路独一无二，不可复制 ◎ 有着非常个性的装饰效果 ◎ 冰凉的触感可以增添厨房的质感 ◎ 硬度高、耐磨损、耐高热，但有细孔	600 元起	

台面的应用技巧

与橱柜色差小文雅，色差大则活泼

橱柜台面和橱柜门板之间的色差，对厨房的整体氛围是活泼还是文雅，有着一些影响。台面和橱柜板之间如果色差明显，能够为厨房增添一些活力；反之，如果台面和橱柜板之间的色差较小，则会为厨房增添一些文雅感。

< 厨房墙面的色彩已足够活泼，所以台面选择了与橱柜板相近的色彩，让橱柜整体看起来更内敛，进一步凸显墙砖的活泼感。

台面色彩呼应墙面，可使厨房更具整体感

无论橱柜选择的是何种色彩，若台面的色彩能与墙面砖的颜色有一些呼应，就可以让橱柜与墙面的联系更紧密，让厨房看起来更具整体感。虽然从立面看，台面只有一条线，但是它却是墙面与橱柜门板的转折面，所以色彩的作用是不可忽视的。

∨ 台面与墙面砖属于同色系不同明度，它的明度介于橱柜和墙砖之间，实现了很好的过渡。

台面应用案例解析

人造石台面

设计说明 厨房中的地柜为棕色系木质，搭配白色的人造石台面，既形成了明快的对比，又与吊柜的白色呼应，使地柜和吊柜之间联系得更紧密，显得更整体。

石英石台面

设计说明 厨房的墙面采用拼接花色的仿古砖，搭配实木材质的橱柜，中间用米色的石英石台面做过渡，增添了一道明亮的颜色，实用而又能够避免厨房显得过于沉闷。

橱柜

柜板的质量是关键

橱柜的另外两个组成部分是柜体和门板。柜体起到支撑整个橱柜柜板和台面的作用，它的平整度、耐潮湿的程度和承重能力都影响着整个橱柜的使用寿命，即使台面材料非常好，如果柜体受潮，也很容易导致台面变形、开裂。作为门面的橱柜门板，还应该兼顾美观性，宜与厨房的整体风格和色彩相搭配。

橱柜柜体种类速查表

名称	特点	参考价格（米）	图片
复合实木	◎ 绿色、环保，低污染 ◎ 实用，使用寿命较长 ◎ 综合性能较佳 ◎ 能在重度潮湿环境中使用	1200 元起	
防潮板	◎ 原料为木质长纤维加防潮剂，浸泡膨胀到一定程度就不再膨胀 ◎ 可在重度潮湿环境中使用 ◎ 板面较脆，对工艺要求高	600 元起	
细木工板	◎ 易于锯裁，不易开裂 ◎ 板材本身具有防潮性能，握钉力较强 ◎ 便于综合使用与加工 ◎ 韧性强、承重能力强 ◎ 不合格板材含有甲醛等有害物	500 元起	
纤维板	◎ 不同等级的板材质量相差大 ◎ 中低档的纤维板没有办法支撑橱柜 ◎ 高档板材材质性能较优，但价格高，性价比低	200 元起	

名称	特点	参考价格(米)	图片
刨花板	◎ 环保型材料，成本较低 ◎ 能充分利用木材原料及加工剩余物 ◎ 幅面大，平整，易加工 ◎ 普通产品容易吸潮、膨胀 ◎ 适合短期居住的场所	400 元起	

橱柜门板种类速查表

名称	特点	适合人群	图片
实木门板	◎ 天然环保、坚固耐用 ◎ 有原木质感、纹理自然 ◎ 名贵树种有升值潜力 ◎ 干燥地区不适合使用	√ 高档装修 √ 喜欢实木质感的人群	
烤漆门板	◎ 色泽鲜艳、易于造型 ◎ 有很强的视觉冲击力 ◎ 防水性能极佳，抗污能力强 ◎ 表面光滑，易清洗 ◎ 工艺众多，不同做法效果不同 ◎ 怕磕碰和划痕，一旦出现损坏，较难修补	√ 喜欢时尚感和现代感的人群	
模压板门板	◎ 色彩丰富，木纹逼真 ◎ 单色色度纯艳，不开裂，不变形 ◎ 不需要封边，避免了因封边不好而开胶的问题 ◎ 不能长时间接触或靠近高温物体	√ 喜欢木纹质感的人群	
水晶门板	◎ 基材为白色防火板和亚克力，是一种塑胶复合材料 ◎ 颜色鲜艳，表层光亮，且质感透明、鲜亮 ◎ 耐磨、耐刮性较差 ◎ 长时间受热易变色	√ 喜欢时尚感和现代感的人群	
镜面树脂门板	◎ 属性与烤漆门板类似 ◎ 效果时尚、色彩丰富 ◎ 防水性好，不耐磨，容易刮花 ◎ 耐高温性不佳	√ 适合对色彩要求高、追求时尚的人群	

橱柜的应用技巧

根据风格选择面板

厨房的面积通常要大于卫浴间，且很多厨房都是开敞式的，所以它的风格应与家居整体呼应。橱柜是厨房中的主体，它引领着厨房的风格走向，所以在选择面板的时候，宜从家居风格的代表色和纹理方面入手。

< 现代风格的厨房中，选择时尚感很强的镜面树脂门板装饰橱柜，使厨房的风格特征更突出。

橱柜的鉴别与选购

① 看五金的质量

橱柜的五金包括铰链和滑轨，它们的质量直接关系到橱柜的使用寿命和价格。较好的橱柜一般都使用进口的铰链和抽屉，可以来回开关，感受其顺滑程度和阻尼。

② 查看封边

可以用手摸一下橱柜门板和箱体的封边，感受一下是否顺直圆滑，箱体封边侧光看，是否波浪起伏。向销售人员询问一下封边方式，宜选择四周全封边的款式，若封边不严密，长期吸潮会膨胀变形，也会增加甲醛释放量。

橱柜应用案例解析

实木门板橱柜

设计说明 棕色系的实木橱柜门板，搭配米黄色的墙砖，具有复古韵味。实木橱柜的质感细腻、高档，纹理变化多，非常彰显档次感和品位。

模压板橱柜

设计说明 厨房墙面采用了拼色的仿古砖，比较花哨，所以橱柜选择了白色的模压板门板，与墙面的花色形成动与静的对比，互相衬托，彰显整洁感。

what you
. love
you do.

11

第十一章

设计师说家居材料选用

室内材料的种类繁多，不同功能的空间为了满足其使用需求，适合选择的材料也是有区别的。然而，这些区别中还应存在一些统一感，使整个家居的硬装有所呼应，风格及色彩上求同，细微的设计上存异，才能够使整个居室具有协调的装饰效果。这并不是一件简单的事情，也不是将喜爱的材料进行堆砌就能够实现的，而每个人的实践是有限的，所以从有经验的设计师那里不断总结一些成功的经验，才有利于更好地进行室内材料的选用和组合。这一章精选了几个具有代表性的成功软装设计案例，了解一下专业设计师是如何进行家居中的材料选用的。

壁纸与彩色装饰漆演绎的完美混搭

这套方案我称它为“埃及艳后”。女主人非常喜欢我之前做过的混搭设计，而男主人想要成熟稳重一些的港台风，经过激烈的讨论，最后女主人取得了绝对性的胜利，于是就有了这套方案的诞生。设计的整体定位是混搭，选择了靠近现代的一些中式风格元素与现代美式风格相融合。在材料的选择上，以壁纸为主，应用在各个空间之中，用各种花纹来体现设计的主旨，穿插搭配浅蓝色的墙面漆和深蓝色的木器漆，从硬装角度奠定混搭的基础。而后，再用融合了两种风格的软装来为骨填肉，整体给人的感觉非常大气、简洁，但处处皆是精致的细节。

特约设计师 李力
杭州力设计机构设计总监

空间重点材料选用点位图

客厅电视墙

墙纸图案的基本元素是旧上海时期的女性头像，不断地重复性出现，色彩采用红、蓝对比，复古而活泼。

客厅沙发墙

与电视墙相对的沙发墙则文静许多，使用了淡蓝色的乳胶漆，彰显一种文静的高雅感，具有现代美式韵味。

主卧室床头背景墙

主卧床头墙的壁纸非常有意思，底色为黑色，印花是金色的各色美式物品，时尚而又复古，经得起仔细的推敲。

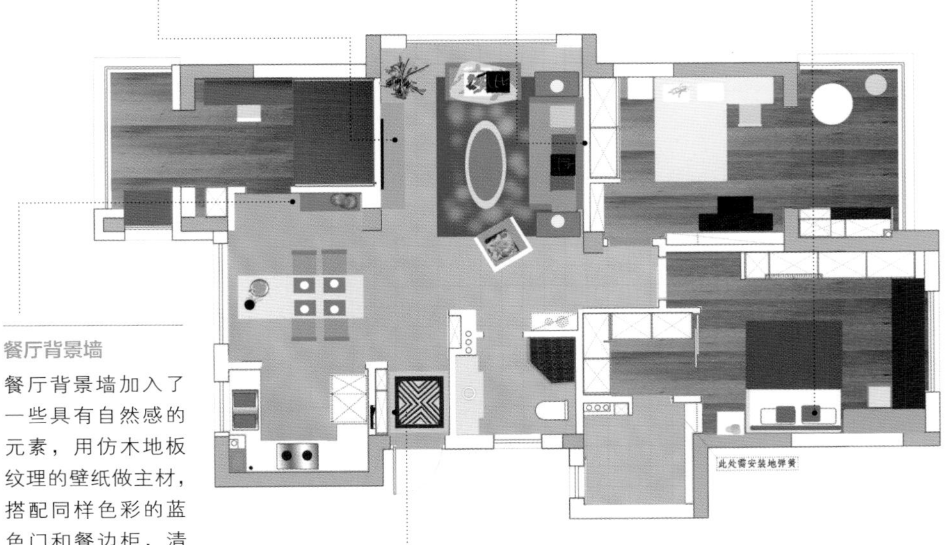

餐厅背景墙

餐厅背景墙加入了一些具有自然感的元素，用仿木地板纹理的壁纸做主材，搭配同样色彩的蓝色门和餐边柜，清新而淳朴。

玄关背景墙

玄关背景墙采用的壁纸花色与餐厅背景墙相同，但是采用了斜铺的方式，搭配简单的装饰线，具有一些动感，但并不张扬。

客厅

带有争议的电视墙墙纸

简单用单线条固定两边，搭配乳胶漆就完成了电视墙的设计，有黑色电视机的压阵，并不会显得花哨。

沙发墙“以静制动”

电视墙已经非常有特色，若沙发墙也采用动感材料，让人感觉太喧闹，所以选择了一款淡蓝色的乳胶漆来装饰，后期悬挂一组装饰画就已经很完美。蓝色也不是随便选的，它是现代美式的代表色。

餐厅

用壁纸代替地板，效果不打折

餐厅部分没有一个完整的大墙面可以做背景墙，于是将唯一一块面积较大的墙面利用起来，用木地板纹理的壁纸粘贴墙面，搭配深海蓝色的门和餐边柜，感觉有乡村范。

玄关

既呼应客厅又呼应餐厅

玄关的墙面材料是将客厅和餐厅的材料进行了融合。淡蓝色乳胶漆搭配地板纹理的墙纸，作为家的门面，影射出了内部的特点。地面做了一小块拼花设计，将玄关与室内进行了分区。

主卧室

美式图案墙纸增加趣味性

主卧室床头墙上的墙纸也非常有意思，仔细看会发现都是美式的代表元素，包括烟斗、鹿头、帽子、点唱机以及双轮自行车等，然而用黑色和金色的组合呈现出来，显得复古而又时尚。

儿童房

卡通墙纸展现童趣

儿童房的床头墙上，选择了一款卡通糕点和糖果图案的墙纸，展现出了女孩子的甜美和天真，而色彩上，又呼应了客厅沙发墙，让混搭元素处处穿插。

书房

让书房更硬朗

书房同时兼具客房的作用，男主人使用的频率较高，所以整体感觉更硬朗一些。墙裙和地面采用相同的灰色木地板，搭配黄绿色的墙漆，融合刚与柔。

主卧卫浴间

完全现代感走向的卫浴间

与其他空间不同的是，卫浴间的选材完全地以现代感为出发点，用大理石通铺墙与地，搭配灯光，晶莹而时尚。

混搭风格家居材料选用要点	
以一种材质为主	将两种或更多的风格进行混搭时，需要有一个主题，可以选择一种材质作为主角，例如本案中的墙纸，让它出现在主要的空间中，图案及色彩宜兼具两种风格的特点
彩色漆是非常好的帮手	彩色漆是混搭的好帮手，无论是墙面漆还是木器漆，选择作为骨干的那种风格的代表色，与主体材质穿插使用，可以让混搭更自然

粗犷砖石展现淳朴的乡土基调

本案是一个 80 多平方米的住宅项目。原本进门为一个封闭的厨房区域，餐厅是之前放置冰箱的地方，过于拥挤，所以先对结构进行了整合，做成开放式的厨房，使空间得以释放，在餐厅北侧设计了一个鞋柜和一个小巧的吧台。业主想要个性一些的效果，所以客厅在整体灰色的背景色下加入了红色仿砖石的文化石，同样的，小吧台也使用了文化石，塑造了乡土风情的基调。而后搭配跳色的软装，让淳朴与时尚碰撞，营造出了与众不同的氛围。

特约设计师 周森
苏州一野室内设计事务所
首席设计师

空间重点材料选用点位图

餐厅吧台

与沙发墙呼应的是，餐厅吧台也选择了文化石材质，但是选择的是层岩造型的，强化了淳朴感，又增添了层次上的变化。

儿童房墙面

为了儿童的健康考虑，儿童房的墙面使用了环保型的乳胶漆，色彩上选择了与红色成对比感的宝蓝色，更符合孩子的性别。

客厅沙发墙

仿红砖纹理的文化石整体铺贴在墙面上，为客厅增添了淳朴、自然的乡村基调。

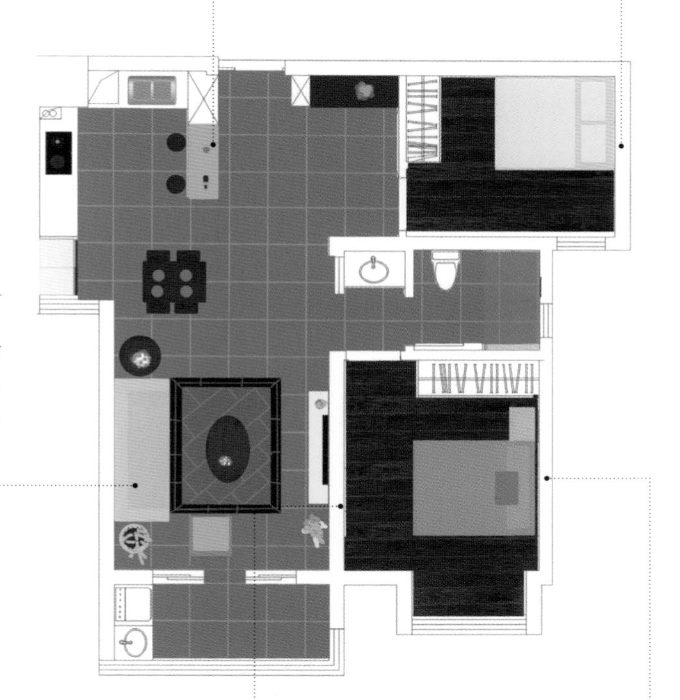

客厅电视墙

客厅的设计重点放在了沙发背景墙上，所以电视墙的选材非常简单，仅涂刷了灰色乳胶漆，让整体设计的主次更分明。

主卧室墙面

与客厅沙发墙的颜色呼应，选择了砖红色，材质则选择了乳胶漆，比起砖石纹理来讲，更符合卧室的功能性。

客厅

硬装塑造基调，软装增添活力

客厅内沙发墙是装饰的主体，红砖纹理的文化石中，加入了一些青砖，使之具有了变化，虽然很粗犷，却并不单调。地面和电视墙均使用中性的灰色，起到了很好的调和作用，虽然后期软装非常的活泼，也并不让人感觉俗气，反而非常个性。

餐厅

吧台是亮点

餐厅中的小吧台，面层使用了层岩造型的文化石，与沙发墙遥相呼应，通过木质的餐桌椅连接起来，进一步强化了质朴的基调。虽然都属于较为粗犷的文化石，但不一样的纹理丰富了空间内的质感。

厨房

光亮的墙面材质彰显宽敞感

与客厅不同的是，厨房墙面使用了白色亮面釉面砖，搭配棕色木质橱柜板，使空间显得明亮、整洁，可以让烹饪的人有好的工作环境，制作更多美食。

主卧

乡土风的撞色，却蕴含华丽感

主卧室的墙面色彩与客厅沙发墙呼应，选择了砖红色，用乳胶漆呈现更细腻、更环保。而床品却选择了深一些的湖蓝色，与墙面进行了撞色，应该非常乡土，却偏偏蕴含华丽感。

儿童房

儿童房要温馨、活泼，也要环保

儿童房墙面使用了抗菌乳胶漆，让孩子的生活环境更健康。因为是一个男孩，所以选择了深一些的海蓝色，搭配实木地板和松木家具，温馨而又活泼。

个性乡土风家居材料选用要点	
重点墙面宜选择带有淳朴感的材料	在硬装的重点部位中，如电视墙、沙发墙等，宜选择能够凸显自然韵味和乡土感的主材，如文化石、青砖、风化板等
材料的色调很重要	想要乡土风不“土”，材料色调的选择非常重要。例如，同样是红色的墙漆，深红色的要比大红色的更低调和典雅一些

个性壁材引领随性波西米亚风

此户型整体面积较充足，但是房间很多，客厅和餐厅面积都比较小。业主喜欢代表着自由和随性的波西米亚风格，希望也可以让自己的家充满这种艺术家的气质。恰恰好的是，波西米亚风格并不需要在墙面和顶面做过多的造型，很适合小户型。怎么选材能展现这种风格的特点，是需要思考的事情。此种风格具有浓郁的原始感和生命力，最大的特点是略带陈旧的味道，有一点雨林风情但不华丽。设计师在四处找灵感的时候，突然看到了一款壁纸，灵感马上就降临了，最后用壁纸、仿古砖和彩色墙漆，完成了具有回归自然感觉的波西米亚风格居室。

特约设计师 晓庆
杭州力设计机构主任设计师

空间重点材料选用点位图

客厅墙面

电视墙的壁纸色彩较深，所以客厅其他部分的墙面选择了一款淡黄绿色的乳胶漆，增添一些春天般万物复苏的感觉。

客厅电视墙

壁纸以树皮和大地的棕色搭配雨林中树叶的绿色，自然而带有沧桑感，并带有一些如蕾丝图案的花纹，很适合用来展现波西米亚风。

书房墙面

书房用一款仿砖纹理的墙纸，作为书柜的背景，搭配棕色系的木饰隔板，具有浓郁的原始感。

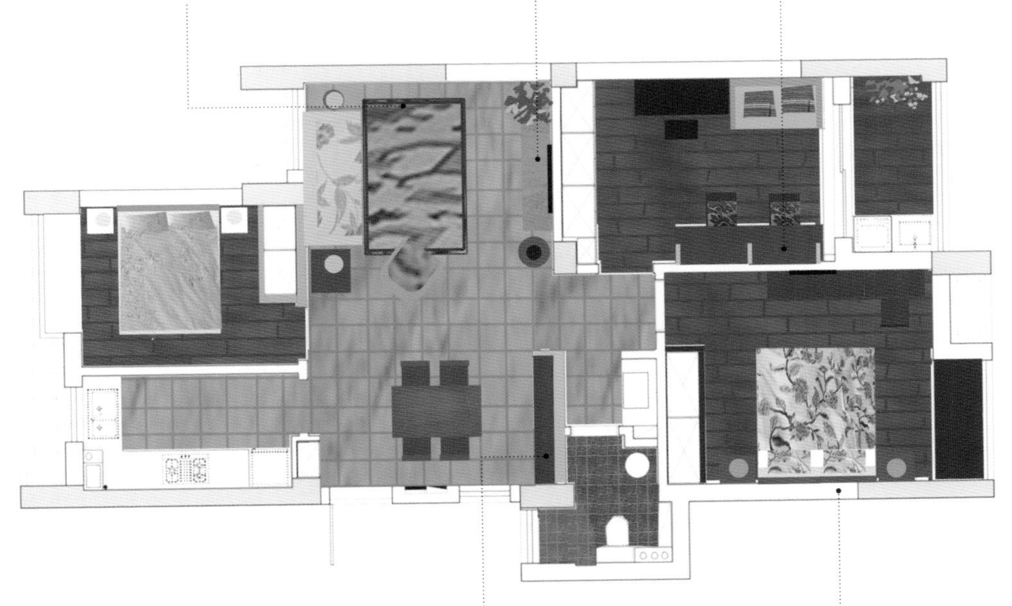

餐厅背景墙

仿古砖是波西米亚风格的一个代表元素，餐厅背景墙用具有生命力的弧度转角造型搭配拼色仿古砖，充分展现波西米亚特点。

主卧床头背景墙

卧室床头背景墙同样选择了壁纸材质，色彩与客厅做呼应，选择了大地色，且带有一些异域韵味的花纹。

客厅

以壁纸为中心展现波西米亚风情

那么辛苦发现的壁纸当然要放在电视墙的位置上，四周简单地用实木装饰线压边就充满了波西米亚韵味。侧墙涂刷淡黄绿色的乳胶漆，与电视墙呼应，又有色调上的层次感。

地面淡棕色仿古砖强化风格特征

仿古砖是波西米亚风格的一个代表性装饰材料，所以选择浅褐色纹理的仿古砖铺设公共区的地面，与电视墙和实木门色彩均有呼应，层次较多，但并不显得乱，同时能够彰显波西米亚风格质朴和复古的特点。

餐厅

拼色仿古砖上墙，增加活泼感

餐边柜的上方墙面使用了蓝色为主的拼色仿古砖，用造型和色彩的组合，制造视觉上的冲击力。

洗漱区

不规则拼贴展现不羁感

卫浴间的干区位于公共区内，墙面色彩与餐厅墙面做部分呼应，采用了蓝色的乳胶漆；台面部分整体粘贴单色仿古砖，直接延伸到墙面上，且做不规则的自由式造型，展现风格洒脱不羁的内涵。

主卧

棕色系材料展现质朴复古调

主卧室内以展现波西米亚风格的质朴和复古调为主，所以床头背景墙、地面和衣柜均采用了大地色的材料。其中，墙面色调最浅，且带有异域风情的花纹，凸显其装饰上的主体地位。

次卧

更清新、雅致一些

次卧室是女儿房，整体色调需要更清新、柔和一些，同时还能与其他空间产生一些呼应。背景墙选择一款浊色调绿色花草图案的壁纸，搭配浅棕色木质拉门，典雅而不失自然韵味。

书房

注重原始感的营造

书房地面使用了棕色木地板，书橱一侧墙面的弧角造型方式与餐厅呼应，背景则选择了一款红砖纹理的墙纸，搭配厚重的木质隔板和书桌，具有浓郁的原始感。其他墙面则使用了与客厅同色的乳胶漆，用它给人的欢乐感觉减少了一些木质材料的厚重感。

波西米亚风格家居材料选用要点	
复古、做旧类的材料不可缺少	波西米亚风格家居的一个显著特点就是复古、做旧类材质的选择，包括仿古砖、故意做旧的木艺等
图案类材料花纹宜具有波西米亚特征	从波西米亚风格的服饰上可以看出，层叠的蕾丝、流苏、蜡染是非常常见的，在选用带有图案的材料时，如墙纸，可以选择带有这类元素的款式

光亮净白与动感纹理共塑个性居室

本案属于中等大小的户型，但玄关、餐厅和客厅形成了一个狭窄的长条形，让人感觉很拥挤。在材料的选择上，除了要让公共区显得更明亮、宽敞外，业主还希望自己的家能够具有十足的个性。最后决定在公共区大量地使用白色材料来营造宽敞感，用花樟木与其搭配，同时，用弧线造型展现对自由的追逐。

特约设计师 吴文粒
盘石室内设计有限公司
董事长 / 设计总监

特约设计师 陆伟英
盘石室内设计有限公司 /
合伙人

空间重点材料选用点位图

餐厅背景墙

餐厅墙面同时也是沙发墙的一部分，材料组合完全相同，但是弧度比较突出，以表现功能上的区分。

书房墙面

书房背景墙的材质与公共区做了呼应，也选择了花樟饰面板，让其穿插在各个空间内，使家居整体更具统一感。

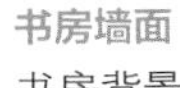

客厅沙发墙

同样用花樟木饰面板做造型部分的主材，采用大跨度的弧线展现自由感和个性，底层材料与电视墙呼应。

主卧室床头背景墙

主卧室的床头背景墙中，同样使用了一些花樟木，以求与家居的其他空间做呼应，让风格更统一。

客厅电视墙

花樟木饰面板为主材，以斜向式的弧线造型来呈现，底层搭配白色水晶面板材，个性而具有动感。

客厅

花樟木的个性使用

花樟木是非常具有古典气质的一款木纹饰面板，在这里却展现出了十足的个性。在电视墙部分，它与周围白色材料形成了鲜明的对比，组合弧线造型，虽然占据的比例不大，却非常引人注目。

玄关

超白镜与白色水晶面板材的组合

玄关的石膏板吊顶以及墙面均为白色，且墙面的水晶板材还可反射一定的光线，搭配一块超白镜，十分前卫、个性。

餐厅

白色水晶面板材展现宽敞感

餐厅背景墙与客厅沙发墙相连，大量地使用了带有立体层次的白色水晶面板材，能够让公共区看起来更加宽敞、明亮。花樟木与弧线的结合，与电视墙呼应，凸显个性。

卧室、书房

花樟木的穿插让个性贯穿始终

在卧室的床头背景墙以及书房的背景墙中，均使用了与客厅相同的花樟饰面板，让它穿插在了家居中的主要空间内，组合一些无色系的其他材料，让业主对个性的追求贯穿始终。

个性家居的材料选用要点	
无色系的亮面材料可做点睛之笔	无色系包括白色、银灰色、黑色等，属于非常经典而自带时尚感的色彩，若用带有反射性的材质呈现出来，如镜面、玻璃、水晶面板等，就会非常个性
纹理独特的材料，可通过造型彰显个性	花樟的纹理非常具有独特性，但比较常用在古典风格中，当打破了常规，往往会带来令人赞叹的效果。一些纹理非常具有特点的材料，可以结合非常规性的造型，展现个性

卫浴间

同色系不同纹理，统一中蕴含层次感

卫浴间的面积较小，墙面和地面选择同色系的砖，能打破界面的界限，让空间看起来更宽敞，但两部分砖的纹理又不同，增加了一些层次感。灰色的界面、白色的洁具以及银色的镜面形成了无色系的组合，简洁而不乏时尚感。